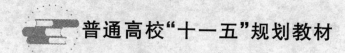 普通高校"十一五"规划教材

局域网组建与配置技术

陈立伟　　主　编

车明霞　李春燕　王远志　杜　中　副主编

U0360946

北京航空航天大学出版社

内 容 简 介

　　本书从网络基础知识、网络硬件知识、局域网组建分析与综合布线、局域网接入 Internet、家庭网络组建设计以及网吧组建设计等方面全面讲解了局域网的知识；对局域网中涉及的软、硬件知识进行了详细的阐述；此外，还介绍了在局域网中通过 ADSL 或专线共享接入 Internet 的方法，并结合实例给出了局域网的组建及配置方案。读者阅读本书后，将能根据该书中的组网方案组建与配置各种类型的局域网。

　　本书主要面向从事网络管理和组建工作的读者，也可以作为高等院校相关专业教材及局域网培训班的网管培训用书。

图书在版编目(CIP)数据

局域网组建与配置技术/陈立伟主编. —北京:北京航
空航天大学出版社,2008.9
ISBN 978 - 7 - 81124 - 433 - 5

Ⅰ. 局… Ⅱ. 陈… Ⅲ. 局部网络 Ⅳ. TP393.1

中国版本图书馆 CIP 数据核字(2008)第 131233 号

局域网组建与配置技术

陈立伟　主　编

车明霞　李春燕　王远志　杜　中　副主编

责任编辑　魏军艳

*

北京航空航天大学出版社出版发行

北京市海淀区学院路 37 号(100191)　发行部电话:010 - 82317024　传真:010 - 82328026
http://www.buaapress.com.cn　　　　E - mail:bhpress@263.net
北京时代华都印刷有限公司印装　　各地书店经销

*

开本:787×960　1/16　印张:12.25　字数:274 千字
2008 年 9 月第 1 版　2008 年 9 月第 1 次印刷　印数:4 000 册
ISBN 978 - 7 - 81124 - 433 - 5　定价:19.80 元

前　言

　　《局域网组建与配置技术》是计算机相关专业一门十分重要的专业课程,特别是计算机网络及相关专业重要的骨干课程。本书根据作者多年来长期的一线教学经验,同时结合从事网络工程的多年实践经验,按照计算机网络的相关专业要求编写而成。

　　本书以实际案例的分析为主,将网络基础知识、网络硬件知识、局域网组建及配置方案的编制等多方面知识,从理论到实践,从基础到高级进行了详细介绍与讲解,对于培养计算机类相关专业人才或局域网组建方案编制人员有很大帮助。

　　全书分为6章:

　　第1章为网络基础知识。本章从网络的功能和应用出发,从网络的拓扑结构、局域网基础和无线局域网等多方面介绍了网络基础知识。

　　第2章为网络硬件知识。本章介绍了网卡知识、传输介质及其他设备等网络硬件的使用与安装。

　　第3章为局域网组建分析与综合布线。本章主要介绍了局域网需求分析、网络组建方案、综合布线系统概述、综合布线系统的优点、综合布线系统标准、综合布线系统的体系结构以及局域网络的后期设计等。

　　第4章为局域网接入 Internet。本章详细介绍了不同的接入方式。

　　第5章、第6章分别以家庭局域网和网吧组建为例,进行了比较深入的讲解和分析。

　　本书结构安排合理,课程内容精心策划,每一章的内容都依照难易程度做了平均分配。为了便于教学,每章都配有重点难点知识讲解。

　　本书可作为局域网入门类教材,适合作为大中专院校、职业院校及培训学校的计算机与信息相关专业的教材。

　　本书由陈立伟主编,其中杜中编写第1章,车明霞编写第2、3章,李春燕编写第4、5章,王远志编写第6章,陈立伟编写第7章。本书的出版得到了西南科技大学、安庆师范学院和北京航空航天大学出版社的大力支持,在此对大家的辛勤工作表示衷心的感谢! 在编写该书的过程中,参考了国内外同类教材的优秀成果,在此一并表示感谢。

　　虽然我们在编写本书的过程中倾注了大量心血,但恐百密之中仍有疏漏,恳请读者不吝指教,及时将好的思路和建议反馈给我们,以便修订时完善。

编　者

2008 年 8 月

目　　录

第1章 网络基础知识

【本章要点】
➤ 了解网络的功能和应用
➤ 掌握网络拓扑结构
➤ 掌握网络基础知识
➤ 掌握局域网基础知识
➤ 了解局域网常用的操作系统

1.1 网络的功能和应用

随着科学技术的发展,信息的共享变得越来越重要,计算机网络可以帮助人们实现这一愿望。

1.1.1 计算机网络的功能

计算机网络有许多功能,例如进行数据通信、资源共享等。下面简单地介绍一下它的主要功能。

1. 数据通信

数据通信即实现计算机与终端、计算机与计算机间的数据传输,是计算机网络最基本的功能,也是实现其他功能的基础。如传真、电子邮件、远程数据交换等。

2. 资源共享

资源共享是实现计算机网络的主要目的。一般情况下,网络中可共享的资源有硬件资源、软件资源和数据资源,其中共享数据资源最为重要。

3. 远程传输

计算机已由科学计算向数据处理方面发展,由单机向网络方面发展,并且发展的速度很快。分布在各地的用户可以互相传输数据信息,相互交流,协同完成同一项工作。

4. 集中管理

计算机网络技术的发展和应用,已经使得现代办公、经营管理等发生了巨大的变化。目前,已经有了许多管理信息系统(MIS)、办公自动化系统(OAS)等,通过这些系统可以实现对日常工作的集中管理,提高工作效率,增加经济效益。

5. 实现分布式处理

网络技术的发展,使得分布式计算成为可能。一些大型的项目可以分为许多小项目,由不同的计算机分别完成,然后再集中起来解决问题。

6. 负载平衡

负载平衡是指工作被均匀地分配给网络上的各台计算机。网络控制中心负责分配和检测,当某台计算机负载过重时,系统会自动转移部分工作到负载较轻的计算机中去处理。

1.1.2 计算机网络的应用

计算机网络是信息产业的基础,在各个领域都得到了广泛的应用,下面介绍一些人们比较熟悉的应用。

1. 办公自动化系统(OAS)

办公自动化是指以先进的科学技术完成各种办公业务。办公自动化系统的核心是通信和信息。将办公室的计算机和其他办公设备连接起来组成一个网络,可充分有效地利用信息资源,以提高生产效率、工作效率和工作质量,更好地辅助决策。图1-1为现代办公室典型网络布局。

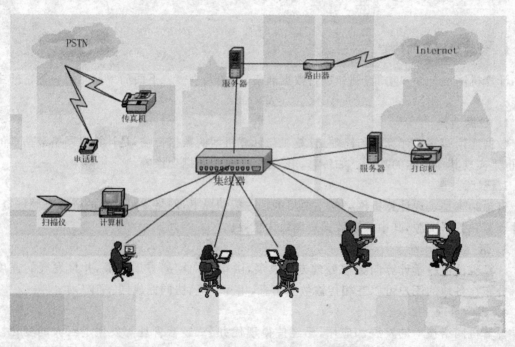

图1-1 现代办公室典型网络布局

2. 管理信息系统(MIS)

MIS 是基于数据库的应用系统。它是建立在计算机网络基础之上的管理信息系统,是企业管理的基本前提和特征。使用 MIS,企业可以实现各部门之间动态信息的管理、查询和部门间信息的传递,这样就减少了管理者的工作,提高了企业的管理水平和工作效率。

3. 电子数据交换(EDI)

EDI 是将金融贸易、货物运输、保险、银行和海关等行业信息用一种国际公认的标准格式,通过计算机网络,实现各企业之间的数据交换,并完成以贸易为中心的业务全过程。电子商务系统是 EDI 的进一步发展。

4. 现代远程教育(DE)

远程教育是一种利用在线服务系统,开展学历或非学历教育的全新的教学模式。网络是远程教育的基础设施,其主要作用是向学员提供课程软件及主机系统的使用,支持学员完成在线课程,并负责行政管理、协同合作等。

5. 电子银行

电子银行也是一种在线服务,它是一种由银行提供的基于计算机和计算机网络的新型金融服务系统,其主要功能有金融交易卡服务、自动存取款服务、销售点自动转账服务和电子汇款与清算等。

6. 企业网络系统

分布式控制系统(DCS)和计算机集成与制造系统(CIMS)是两种典型的企业网络系统。图 1-2 为分布式控制系统。

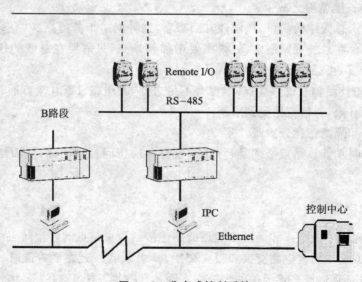

图 1-2　分布式控制系统

1.2 网络拓扑结构

网络拓扑是指网络中各个结点相互连接的方法和形式。网络拓扑结构反映了组网的一种几何形式。网络拓扑结构主要有总线型、星形、环形、树形、混合型以及网形拓扑结构。

1.2.1 总线型拓扑结构

总线型拓扑结构采用一个广播信道作为通信介质,所有的站点都通过相应的硬件接口直接连接到该通信介质上,任何一个站点发送的信号都沿着该介质传播,而且能被所有其他的站点所接收。图1-3为总线型拓扑结构图。

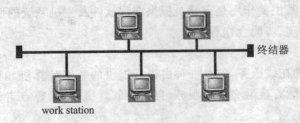

图1-3 总线型拓扑结构

总线型拓扑结构在局域网中得到了广泛的应用,主要优点有以下几点。

① 布线简单容易、电缆需要较少。总线型网络中的结点都连接在一个公共的通信介质上,所需要的电缆长度就随之减少。

② 可靠性高。总线结构简单,从硬件方面来看,这种网络十分可靠。

③ 易于扩充。在总线型网络中,如果需要增加新结点,只需要在总线的任何地方将其接入;如果要增加长度,可通过中继器增加。

虽然总线型拓扑结构有许多优点,但也有不足之处,表现在以下几个方面。

① 传输距离有限,通信范围受到限制。

② 故障诊断和隔离都比较困难。

③ 不具有实时功能。站点必须是智能的,要有介质访问控制功能,从而增加了站点的硬件和软件的开销。

1.2.2 星形拓扑结构

星形拓扑结构由中央结点和通过点对点链路连接到中央结点的各个结点组成。利用星形拓扑结构的交换方式主要有电路交换和报文交换,其中以电路交换更为普遍。一旦建立了通道连接,就可以没有延迟地在连通的两个结点之间传送数据。图1-4为星形拓扑结构。

在星形网络拓扑结构中,中央结点为集线器(hub),其他外围结点为工作站或服务器;通信介质为光纤或双绞线。

星形拓扑结构主要应用于网络中智能主要集中在中央结点的场合。由于所有结点往外传输数据都必须经过中央结点的处理,因此,对中央结点的要求比较高。

中央结点

图 1-4 星形拓扑结构

星形拓扑结构的优点如下。

① 可靠性高。在星形拓扑结构中,每个结点只与一个设备相连,因此,单个结点的故障只影响一个设备,不会影响到全网。

② 方便服务。中央结点和中间接线都有一批集中点,可以方便地提供服务和进行网络重新配置。

③ 故障诊断容易。如果网络中的结点或者通信介质出现问题,只会影响到该结点或者通信介质相连的设备,不会影响到整个网络,从而可以比较容易地判断故障的位置。

虽然星形拓扑结构有许多优点,但也存在着如下的缺点:

① 扩展困难、安装费用高。如果要增加新的网络结点,不管有多远,都需要与中央结点直接连接,这使得布线困难且费用高。

② 对中央结点的依赖性强。星形拓扑结构网络中其他结点对中央结点的依赖性强,一旦中央结点出现故障,那么整个网络都将不能正常工作。

1.2.3 环形拓扑结构

环形拓扑结构是一个像环一样的闭合链路,它由许多中继器和通过中继器连接到链路上的结点连接而成。在环形网中,所有的通信共享一条物理通道,即连接了网中所有结点的点对点链路。图 1-5 为环形拓扑结构。

环形拓扑结构具有以下优点。

① 电缆长度短。环形拓扑结构所需的电缆长度与总线型拓扑网络相当,比星形拓扑网络还要短。

② 适合用光纤。光纤传输速度高,环形拓扑网络是单向传输,适合用光纤作为通信介质,这样可以大大提高网络的速度和加强抗干扰的能力。

③ 无差错传输。由于采用点到点通信链路,被传输的信号在每一个结点上都会再生,因此,传输信息的误码率可大大降低。

环形拓扑结构存在的缺点如下。

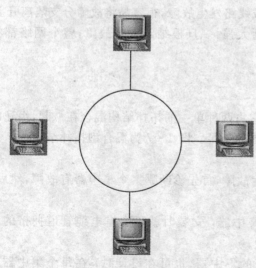

图 1-5 环形拓扑结构

① 可靠性差。在环上传输数据都要通过连接在环上的每个中继器才能得以完成,任何两个结点间的电缆或者中继器发生故障都将会引起全网的故障。

② 故障诊断困难。因为环上的任一结点出现故障都会引起整个网络的故障,所以对故障很难进行定位。

③ 调整网络比较困难。要调整网络中的结点,例如加入或撤出结点都比较困难。

1.2.4 树形拓扑结构

树形结构是一种分级结构,它的形状像一颗倒置的树,顶端是树根。在树形结构的网络中任意两结点之间不会产生环路,每条通路都支持双向传输。图1-6为树形拓扑结构。

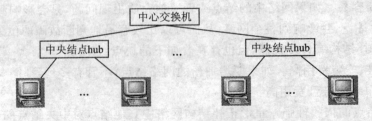

图1-6 树形拓扑结构

树形拓扑结构具有以下优点。

① 易于扩展。这种结构可以扩展很多分支和子分支,并且这些分支可以很容易地加入到网中。

② 故障隔离容易。如果是某一分支的结点或线路发生故障,很容易将故障分支隔离开。

树形拓扑结构的缺点是各结点对根的依赖性太强,一旦根结点发生故障,整个网络都将瘫痪。

1.2.5 混合型拓扑结构

混合型拓扑结构是一种综合性的拓扑结构,它将两种单一的拓扑结构混合在一起,组建的混合型拓扑结构的网络取其两者的优点,克服各自的不足。图1-7为混合型拓扑结构。

混合型拓扑结构的优点如下。

① 故障诊断和隔离较为方便。一旦网络发生故障,首先诊断哪一个集中器有故障,然后,将该集中器与全网隔离。

② 安装方便。网络的主电缆只要连通这些集中器,安装时就不会有电缆管道拥挤的问题。这种安装和传统的电话系统电缆安装很相似。

③ 易于扩展。如果要扩展用户,可以加入新的集中器,也可在设计时,在每个集中器上留出一部分备用的可插入新的站点的连接口。

混合型拓扑结构存在以下缺点。

① 需要选用带智能的集中器。这是实现自动诊断网络故障和隔离故障结点所必需的。

② 集中器到各个站点的电缆安装会像星形拓扑结构一样,有时会使电缆安装长度增加。

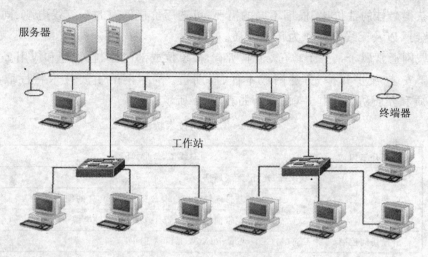

图 1-7　混合型拓扑结构

1.2.6　网形拓扑结构

网形拓扑结构近年来在广域网中得到了广泛应用。它的优点是不受瓶颈问题和失效问题的影响。由于结点之间有多条路径相连,可以为数据传输选择适当的路径,从而绕过失效的部件或过忙的结点到达终点。虽然这种结构比较复杂,成本比较高,为实现上述功能,网形拓扑结构的网络协议也较复杂,但由于它的可靠性高,所以仍然受到客户的欢迎。图 1-8 为网形拓扑结构。

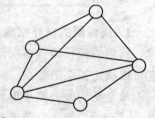

○ 表示为网络结点

图 1-8　网形拓扑结构

1.3　局域网基础

1.3.1　局域网的技术特点

概括地说,局域网(local area network,LAN)有以下特点。

① 覆盖的地理范围小,通常分布在一座办公大楼或集中的建筑群内,例如在一个大学校园。一般在几千米范围之内,最多不超过 25 km。

② 传输速率高且误码率低。传输速率一般在 10 Mbit/s 到几百 Mbit/s 之间,支持高速数

据通信,目前已达到 1 000 Mbit/s;传输方式通常为基带传输,传输距离短,误码率低。

③ 主要以微机为建网对象,通常没有中央主机系统,而带有一些共享的各种外设。

④ 为获得最佳的性价比,根据不同的需要,可选用价格低廉的双绞线电缆、同轴电缆或价格较贵的光纤,以及无线电缆作为传输介质。

⑤ 局域网通常属于某一个单位、企业所有,被单位或部门控制、管理和应用。

⑥ 便于安装、维护和扩充,建网成本低、周期短。局域网的主要技术特性取决于拓扑结构、传输介质和介质访问控制 3 项技术,如表 1-1 所示。

表 1-1　LAN 的技术特征

拓扑结构	总线型、星形、环形	
传输介质	·双绞线、光纤、无线通信	
	同轴电缆	基带同轴电缆：50 Ω 的粗缆、50 Ω 的细缆
		宽带同轴电缆：75 Ω CATV 同轴电缆
介质访问控制	CSMA/CD,token ring\token bus\ FDDI	
局域网标准化组织	ISO,IEEE 802 委员会、NBS、EIA、ECMA	
应用领域	办公自动化、工厂自动化、校园及医院等	

1. 局域网的拓扑结构

网络的拓扑结构对网络性能有很大影响。选择网络拓扑结构是网络建设的基础和前提,它可以决定网络的特点、速度以及实现的功能等。

最常见的办公室小型局域网的结构一般采用星形拓扑结构,这是因为星形网络的结构简单,连接容易,使用双绞线和网卡再加上 hub 就可以架设一个局域网,管理也比较简单,建设费用和管理费用都比较低。而且这种结构的网络易于管理,容易发现、排除故障。但是这种结构不易于改变网络容量,增加和减少计算机都不是很方便,对中央 hub 的依赖性很强,一旦中央结点出现问题就会造成整个网络的瘫痪。不适合用在可靠性要求很高的大型网络上。

总线型网络拓扑结构简单,易于布线和维护,方便扩充和管理,可靠性高,速率快,但接入的结点有限,发现、排除故障困难,实时性较差。

环形结构也是常用的网络结构之一,经常配合令牌使用,其网络结构很简单,但是网络速度慢,排除故障困难,加入或者撤出计算机也比较困难。

掌握了 3 种网络拓扑结构的特点,就可以根据需要选择适合自己的网络拓扑结构。

2. 局域网的传输介质

局域网中使用的传输方式有基带和宽带两种。基带用于数字信号传输,常用的传输介质有双绞线或同轴电缆。宽带用于无线电频率范围内的模拟信号的传输,常用同轴电缆。基带与宽带传输方式的比较见表 1-2。

表 1 - 2　基带、宽带传输方式比较

基　带	宽　带
数字信号传输	模拟信号的传输（需用 modem）
全部带宽用于单路信道传输	使用 FDM 技术，多路信道复用
双向传输	单向传输
总线型拓扑	总线型或树形拓扑
距离达数千米	距离达数十千米

3. 局域网的介质访问控制方法

传输介质访问控制方式与局域网的拓扑结构、工作过程有密切关系。目前,计算机局域网常用的访问控制方式有 3 种:带碰撞检测的载波侦听多路访问法(CSMA/CD),令牌环访问控制法(token ring),令牌总线访问控制法(token bus)。分别用于不同的拓扑结构。

(1) 带碰撞检测的载波侦听多路访问法

最早的 CSMA 方法起源于美国夏威夷大学的 ALOHA 广播分组网络,1980 年美国 DEC,Intel 和 Xerox 公司联合宣布以太网(Ethernet)采用 CSMA 技术,并增加了检测碰撞功能,称为 CSMA/CD。这种方式适用于总线型拓扑结构,主要解决如何共享一条公共广播传输介质。其简单原理是:在网络中,任何一个工作站在发送信息前,都要侦听网络中有无其他工作站在发送信号,如没有就立即发送,如果有,则表明信道已经被占用,此工作站就要等一段时间再去争取发送权。等待时间可由两种方法确定,一种是某工作站检测到信道被占用后,继续检测,直到信道空闲。另一种是检测到信道被占用后,等待一个随机时间进行检测,直到信道空闲后再发送。

CSMA/CD 要解决的另一个主要问题是如何检测冲突。当网络处于空闲的某一时刻,有两个或两个以上工作站同时发送了信息,这时,同步发送的信号就会引起冲突,现由 IEEE 802.3 标准确定的 CSMA/CD 检测冲突的方法是:当一个工作站开始占用信道进行信息发送时,再用碰撞检测器继续对网络检测一段时间,即一边发送,一边监听,将发送的信息与监听的信息进行比较,如结果一致,则说明发送正常,已经抢到了总线,可继续发送。如结果不一致,则说明有冲突,应立即停止发送。等待一个随机时间后,再重复上述过程进行信息发送。

CSMA/CD 控制方式的优点是:原理比较简单,技术上易实现,网络中各工作站处于平等地位,不需集中控制,不提供优先级控制。但在网络负载增大时,发送时间增长,发送效率会急剧下降。

(2) 令牌环

令牌环只适用于环形拓扑结构的局域网。其主要原理是:使用一个称为"令牌"的控制标志(令牌是一个二进制数的字节,它由"空闲"与"忙"两种编码标志来实现,既无目的地址,也无源地址),当无信息在环上传送时,令牌处于"空闲"状态,它沿环从一个工作站到另一个工作站不停地进行传递。当某一工作站准备发送信息时，就必须等待，直到检测并捕获到经过该站的令牌为止，然后，将令牌的控制标志从"空闲"状态改变为"忙"状态，并发送出一帧信息。其他的工作站随时检测经过本站的帧，当发送帧的目的地址与本站地址相符时，就接收该帧，待复制完毕再转发此帧，直到该帧沿环一周返回发送站，并收到接收站指向发送站的肯定应答信息时，才将发送的帧信息清除，并使令牌标志又处于"空闲"状态，继续插入环中。当另一个新的工作站需要发送数据时，按前述过程，检测到令牌，修改状态，把信息装配成帧，进行新一轮的发送。

令牌环控制方式的优点是它能提供优先权服务，有很强的实时性，在重负载环路中，"令牌"以循环方式工作，效率较高。其缺点是控制电路较复杂，令牌容易丢失。但 IBM 公司在1985 年已解决了实用问题，近年来采用令牌环方式的令牌环网实用性已大大增强。

（3）令牌总线

令牌总线主要用于总线型或树形网络结构中。它的访问控制方式类似于令牌环，但它是把总线型或树形网络中的各个工作站按一定顺序，如按接口地址大小排列形成一个逻辑环。只有令牌持有者才能控制总线，才有发送信息的权力。信息是双向传送的，每个站都可检测到其他站点发出的信息。在令牌传递时，都要加上目的地址，所以只有检测到并得到令牌的工作站，才能发送信息，它不同于 CSMA/CD 方式，可在总线型和树形结构中避免冲突。

这种控制方式的优点是各工作站对介质的共享权力是均等的，可以设置优先级，也可以不设；有较强的吞吐能力，吞吐量随数据传输速率增大而加大，联网距离比 CSMA/CD 方式远。缺点是控制电路较复杂、成本高，轻负载时，线路传输效率低。

1.3.2 局域网的种类

所谓局域网是将小区域内的各种通信设备互连在一起所形成的网络，覆盖范围一般局限在房间、大楼或园区内。局域网的特点是距离短、延迟小、数据传输速率高及传输可靠。

目前常见的局域网类型包括以太网（Ethernet）、光纤分布式数据接口（FDDI）、异步传输模式（ATM）、令牌环网（token ring）和交换网（switching）等，它们在拓扑结构、传输介质、传输速率和数据格式等多方面都有许多不同。其中应用最广泛的是以太网——一种总线型结构的局域网，也是目前发展最迅速、最经济的局域网。下面对以太网、光纤分布式数据接口（FDDI）和异步传输模式（ATM）进行简单介绍。

1. 以太网

以太网是 Xerox、Digital Equipment 和 Intel 3 家公司开发的局域网组网规范，并于 20 世纪 80 年代初首次出版，称为 DIX 1.0。1982 年修改后的版本为 DIX 2.0。这 3 家公司将此规范提交给 IEEE（电子电气工程师协会）802 委员会，经过 IEEE 成员的修改并通过，变成了IEEE 的正式标准，并编号为 IEEE 802.3。以太网和 IEEE 802.3 虽然有很多规定不相同，但术语以太网通常认为与 802.3 是兼容的。IEEE 将 802.3 标准提交 ISO 第一联合技术委员会

(JTC1),再次经过修订变成了国际标准 ISO 8802.3。

早期局域网技术的关键是如何解决连接在同一总线上的多个网络结点有秩序地共享一个信道的问题,而以太网络正是利用 CSMA/CD 技术成功地提高了局域网络共享信道的传输利用率,从而得以发展和流行的。交换式快速以太网及千兆以太网是近几年发展起来的先进的网络技术,使以太网络成为当今局域网应用较为广泛的主流技术之一。随着电子邮件数量的不断增加,以及网络数据库管理系统和多媒体应用的不断普及,迫切需要高速高带宽的网络技术,交换式快速以太网技术便应运而生。快速以太网及千兆以太网从根本上讲还是以太网,只是速度更快。它基于现有的标准和技术(IEEE 802.3 标准,CSMA/CD 介质存取协议,总线型或星形拓扑结构,支持细缆、UTP、光纤介质,支持全双工传输),可以使用现有的电缆和软件,因此它是一种简单、经济、安全的选择。然而,以太网络在发展早期所提出的共享带宽、信道争用机制极大地限制了网络后来的发展,即使是近几年发展起来的链路层交换技术(即交换式以太网技术)和提高收发时钟频率技术(即快速以太网技术)也不能从根本上解决这一问题,具体表现在以下两个方面。

① 以太网提供的是一种所谓"无连接"的网络服务,网络本身对所传输的信息包无法进行诸如交付时间、包间延迟和占用带宽等关于服务质量的控制。因此没有服务质量保证(quality of service)。

② 对信道的共享及争用机制导致信道的实际利用带宽远低于物理提供的带宽,因此带宽利用率低。

除以上两点以外,以太网传输机制所固有的对网络半径、冗余拓扑和负载平衡能力的限制以及网络的附加服务能力薄弱等,也都是以太网络的不足之处。但以太网因为其成熟的技术、广泛的用户基础和较高的性能价格比,仍是传统数据传输网络应用中较为优秀的解决方案。

以太网根据不同的传输介质可分为 10 Base - 2,10 Base - 5,10 Base - T 及 10 Base - FL,它们的组网参数及原则见表 1 - 3。

表 1 - 3　不同介质组网的参数及原则

10 Base - 2	最大的干线段长度:185 m 最大网络干线电缆长度:925 m 每条干线段支持的最大结点数:30 个 BNC,T 型连接器之间的最小距离:0.5 m
10 Base - 5	最大的干线长度:500 m 最大网络干线电缆长度:2500 m 每条干线段支持的最大结点数:100 个 收发器之间的最小距离:2.5 m 收发器电缆的最大长度:50 m

10 Base－T	允许 5 个网段，每网段最大长度 100 m 在同一信道上允许连接 4 个中继器或 hub 在其中的 3 个网段上可以增加结点 在另外两个网段上，除做中继器链路外，不能接任何结点 上述将组建一个大型的冲突域，最大站点数为 1024 个，网络直径达 2 500 m
10 Base－FL	最大段长：2000 m 每段最大结点数：2 个 每网络最大结点数：1024 个 每链的最大 hub 数：4 个

交换以太网：其支持的协议仍然是 IEEE 802.3 以太网，但提供多个单独的 10 Mbit/s 端口。它与原来的 IEEE 802.3 以太网完全兼容，并且克服了共享 10 Mbit/s 带来的网络效率下降。

100 Base－T 快速以太网：与 10 Base－T 的区别在于将网络的速率提高了 10 倍，即 100 Mbit/s。采用了 FDDI 的 PMD 协议，但价格比 FDDI 便宜。100 Base－T 的标准由 IEEE 802.3 制定。与 10 Base－T 采用相同的媒体访问技术、类似的布线规则和相同的引出线，易于与 10 Base－T 集成。每个网段只允许两个中继器，最大网络跨度为 210 m。

2. FDDI 网络

光纤分布数据接口（FDDI）是目前成熟的局域网技术中传输速率最高的一种。这种传输速率高达 100 Mbit/s 的网络技术所依据的标准是 ANSIX3T 9.5。该网络具有定时令牌协议的特性，支持多种拓扑结构，传输介质为光纤。使用光纤作为传输介质具有如下多种优点。

① 较长的传输距离，相邻站间的最大长度可达 2 km，最大站间距离为 200 km。

② 具有较大的带宽，FDDI 的设计带宽为 100 Mbit/s。

③ 具有对电磁和射频干扰抑制能力，在传输过程中不受电磁和射频噪声的影响，也不影响其设备。

④ 光纤可防止传输过程中被别人偷听，也杜绝了辐射波的窃听，因而是最安全的传输介质。

光纤分布式数据接口是一种使用光纤作为传输介质的、高速的、通用的环形网络。它能以 100 Mbit/s 的速率跨越长达 100 km 的距离，连接多达 500 个设备，既可用于城域网络也可用于小范围局域网。FDDI 采用令牌传递的方式解决共享信道冲突问题，与共享式以太网的 CSMA/CD 的效率相比在理论上要稍高一点（但仍远比不上交换式以太网），采用双环结构的 FDDI 还具有链路连接的冗余能力，因而非常适于做多个局域网络的主干。然而 FDDI 与以太网一样,其本质仍是介质共享、无连接的网络,这就意味着它仍然不能提供服务质量保证和更高的带宽利用率。在少量站点通信的网络环境中,它可达到比共享以太网稍高的通信效率,但随着站点的增多,效率会急剧下降,这时候无论是性能还是价格都无法与交换式以太网、ATM网相比。交换式 FDDI 会提高介质共享效率,但同交换式以太网一样,这种提高也是有限的,不能解决本质问题。另外,FDDI 有两个突出的问题极大地影响了这一技术的进一步推广,一个是建设成本,特别是交换式 FDDI 的价格甚至会高出某些 ATM 交换机;另一个是组网技术,由于网络半径和令牌长度的制约,在现有条件下 FDDI 将不可能出现高出 100 Mbit/s 的带宽。面对不断降低成本同时在技术上不断发展创新的 ATM 和快速交换以太网技术的激烈竞争,FDDI 的市场占有率逐年降低。根据相关部门统计,现在各大院校、政府机关建立局域网或城域网络的设计倾向较为集中在 ATM 和快速以太网这两种技术上,原先建立较早的FDDI 网络也在向星形、交换式的其他网络技术过渡。

3. ATM 网络

随着人们对集话音、图像和数据为一体的多媒体通信需求的日益增加,特别是为了适应今后信息高速公路建设的需要,人们又提出了宽带综合业务数字网(B-ISDN)这种全新的通信网络,而 B-ISDN 的实现需要一种全新的传输模式,即异步传输模式(ATM)。1990 年,国际电报电话咨询委员会(CCITT)正式建议将 ATM 作为实现 B-ISDN 的一项技术基础,这样,以 ATM 为机制的信息传输和交换模式也就成为电信和计算机网络操作的基础和 21 世纪通信的主体之一。尽管目前世界各国都在积极开展 ATM 技术研究和 B-ISDN 的建设,但以 ATM 为基础的 B-ISDN 的完善和普及却还要等到下一世纪,所以称 ATM 为一项跨世纪的新兴通信技术。不过,ATM 技术仍然是当前国际网络界的焦点,其相关产品的开发也是各厂商争相抢占的网络市场的一个制高点。

ATM 是目前网络发展的最新技术,它采用基于信元的异步传输模式和虚电路结构,根本上解决了多媒体的实时性及带宽问题。实现面向虚链路的点到点传输,它通常提供 155 Mbit/s 的带宽。它既汲取了话务通信中电路交换的"有连接"服务和服务质量保证,又保持了以太网、FDDI 等传统网络中带宽可变、适于突发性传输的灵活性,从而成为迄今为止适用范围最广、技术最先进、传输效果最理想的网际互连(又称网络互连)手段。ATM 技术具有如下特点。

① 实现网络传输"有连接"服务,实现服务质量保证。

② 交换吞吐量大、带宽利用率高。

③ 具有灵活的组网拓扑结构和负载平衡能力,伸缩性、可靠性极高。

④ ATM 是现今唯一可同时应用于局域网和广域网两种网络应用领域的网络技术,它将局域网与广域网技术统一。

4. 其他局域网

令牌环是 IBM 公司于 20 世纪 80 年代初开发成功的一种网络技术。之所以称为环,是因为这种网络的物理结构像环的形状。环上有多个站点与环相连,相邻站之间是一种点对点的链路,因此令牌环与广播方式的以太网不同,它是按顺序向下一站广播的局域网。与以太网不同的另一个特点是,即使负载很重,仍具有确定的响应时间。令牌环所遵循的标准是 IEEE 802.5,它规定了 3 种操作速率:1 Mbit/s,4 Mbit/s 和 16 Mbit/s。开始时,UTP 电缆只能在 1 Mbit/s 的速率下操作,STP 电缆可在 4 Mbit/s 和 16 Mbit/s 操作,现在许多厂家的产品已经突破了这种限制。

交换网是随着多媒体通信以及客户/服务器(client/server)体系结构的发展而产生的,由于网络传输变得越来越拥挤,传统的共享 LAN 难以满足用户需要,曾经采用的网络区段化,由于区段越多,路由器等连接设备投资越大,同时众多区段的网络也难于管理。因此当网络用户数目增加时,网络交换技术就成了保持网络在拓展后的性能及其可管理性的一个新解决方案。

传统的共享媒体局域网依赖桥接、路由选择,交换技术却为终端用户提供专用点对点连接,它可以把一个提供"一次一用户服务"的网络,转变成一个平行系统,同时支持多对通信设备的连接,即每个与网络连接的设备均可独立与交换机连接。

1.4　无线局域网

1.4.1　无线局域网的用途

无线技术给人们带来的影响是无可争议的。如今每天大约有 15 万人成为新的无线用户,全球范围内的无线用户数量目前已经超过 2 亿。这些人包括教师、公司老板、医院护士、学生以及公司员工等。他们使用无线技术的方式因他们自身的工作不同而各异,这类技术同样也在不断地更新。

无线局域网的应用范围非常广泛,如果将其应用划分为室内和室外的话,室内应用包括办公室、车间、酒店宾馆、学生寝室、会议室及证券市场等;室外应用包括城市建筑群之间的通信、学校校园网络、整个企业内部厂区自动化控制与管理网络和银行金融证券城区网等。

在以下情况下适合用计算机无线网技术。

① 在不能使用传统走线方式的地方,传统布线方式困难、布线破坏性很大的地方;

② 有水域或有阻碍不易跨过区域的地方;

③ 临时建立设置和安排通信的地方;

④ 无权铺设线路或线路铺设环境可能导致线路损坏的地方;

⑤ 时间紧急,需要迅速建立通信,而且使用有线不便、成本高或耗时长的情况;

⑥ 局域网的用户需要大量地移动计算机的地方。

1.4.2　红外线局域网技术

红外线局域网采用小于 1 μm 波长的红外线作为传输介质,有较强的方向性,由于它采用低于可见光的部分频谱作为传输介质,使用不受无线电管理部门的限制。红外信号要求视距传输,并且窃听困难,对邻近区域的类似系统也不会产生干扰。在实际应用中,由于红外线具有很高的背景噪声,受日光、环境照明等影响较大,一般要求的发射功率较高,而采用现行技术,特别是 LED,很难获得高的比特速率(>10 Mbit/s),尽管如此,红外无线 LAN 仍是目前"100 Mbit/s 以上,性能价格比高的网络"可行的选择。

1.4.3　扩展频谱局域网技术

扩展频谱(spread spectrum)技术是一种常用的无线通信技术,简称展频技术。展频技术的无线局域网络产品是依据美国联邦通信委员会(federal communications committee,FCC)规定的医疗、科学和工业(industrial,scientific and medical,ISM),频率范围开放在 902~928 MHz 及 2.4~2.484 GHz 两个频段,所以并没有所谓使用授权的限制。展频技术主要分为跳频技术和直接序列两种方式。

1. 跳频技术

跳频技术 (frequency‐hopping spread spectrum,FHSS)在同步且同时的情况下,接受两端以特定形式的窄频载波来传送信号。对于一个非特定的接受器,FHSS 所产生的跳动信号对它而言,也只算是脉冲噪声。FHSS 所展开的信号可依特别设计来规避噪声或 One‐to‐Many 的非重复的频道,并且这些跳频信号必须遵守 FCC 的要求,使用 75 个以上的跳频信号、且跳频至下一个频率的最大时间间隔(dwell time)为 400 ms。

2. 直接序列展频技术

直接序列展频技术 (direct sequence spread spectrum,DSSS)是将原来的信号 1 或 0,利用 10 个以上的芯片(chips)来代表 1 或 0 位,使得原来较高功率、较窄的频率变成具有较宽频的低功率频率。而每个位使用多少个芯片称做扩展芯片(spreading chips),一个较高的扩展芯片可以增加抗噪声干扰,而一个较低扩展电阻(spreading ration)可以增加用户的使用人数。基本上,在 DSSS 的扩展电阻是相当少的,例如几乎所有 2.4 GHz 的无线局域网络产品所使用的扩展电阻皆少于 20 个。而在 IEEE 802.11 的标准内,其扩展电阻大约在 100 左右。

无线局域网络在性能和能力上的差异,主要取决于所采用的展频技术以及调变方式。截至目前,若以现有的产品参数详加比较,可以看出 DSSS 技术在需要最佳可靠性的应用中具有较佳的优势,而 FHSS 技术在需要低成本的应用中优势较大。在选择无线产品时,需要注意的是,厂商在 DSSS 和 FHSS 展频技术中的选择,必须要审慎端视产品在市场的定位,因为它可以解决无线局域网络的传输能力及特性,包括抗干扰能力、使用距离范围、频宽大小及传输资料的多少。

一般而言,DSSS 由于采用全频带传送资料,速度较快,未来可开发出更高传输频率的潜力也较大。DSSS 技术适用于固定环境中或对传输品质要求较高的应用,因此,无线厂房、无线医院、网络社区和分校联网等应用,大都采用 DSSS 无线技术产品。FHSS 则大都应用于需快速移动的端点,如行动电话在无线传输技术部分即是采用 FHSS 技术;且因 FHSS 传输范围较小,所以往往在相同的传输环境下,所需要的 FHSS 技术设备要比 DSSS 技术设备多,在整体价格上,可能也会比较高。以目前企业需求来说,高速移动端点应用较少,而且大多较注重传输速率及传输的稳定性,所以未来无线网络产品发展应会以 DSSS 技术为主流。

用户选择无线局域网络时需要特别注意以下特性,以决定适合自己的产品,包括涵盖范围、传输速率、受多路径(multipath)影响程度、提供资料整合程度、和有线的基础设施之间的互操性、与其他无线基础设施之间的互操性、抗干扰程度、保密能力及电流消耗情况等。

1.5 网络协议

通俗地说,网络协议就是网络之间沟通、交流的桥梁,只有相同网络协议的计算机才能进行信息的沟通与交流。这就好比人与人之间交流所使用的各种语言一样,只有使用相同语言才能正常、顺利地进行交流。从专业角度定义,网络协议是计算机在网络中实现通信时必须遵守的约定,也就是通信协议,主要是对信息传输速率、传输代码、代码结构、传输控制步骤及出错控制等做出规定并制定标准。

网络协议是网络上所有设备(网络服务器、计算机、交换机、路由器和防火墙等)之间通信规则的集合,它定义了通信时信息必须采用的格式和这些格式的意义。大多数网络都采用分层的体系结构,每一层都建立在它的下一层之上,向它的上一层提供一定的服务,而把如何实现这一服务的细节对上一层加以屏蔽。一台设备上的第 n 层与另一台设备上的第 n 层进行通信的规则就是第 n 层协议。在网络的各层中存在着许多协议,接收方和发送方同层的协议必须一致,否则一方将无法识别另一方发出的信息。网络协议使网络上各种设备能够相互交换信息。常见的协议有 TCP/IP、IPX/SPX 和 NetBEUI 协议等。在局域网中用得比较多的是 IPX/SPX。用户如果访问 Internet,则必须在网络协议中添加 TCP/IP。

TCP/IP(transmission control protocol/Internet protocol,传输控制协议/互联网络协议),是一种网络通信协议,它规范了网络上的所有通信设备,尤其是一个主机与另一个主机之间的数据往来格式以及传送方式。TCP/IP 是 Internet 的基础协议,也是一种计算机数据打包和寻址的标准方法。在数据传送中,可以形象地理解为有两个信封,TCP 和 IP 就像信封,要传递的信息被划分成若干段,每一段塞入一个 TCP 信封,并在该信封封面上记录有分段号的信息,再将 TCP 信封塞入 IP 大信封,发送上网。在接收端,一个 TCP 软件包收集信封,抽出数据,按发送前的顺序还原,并加以校验,若发现差错,TCP 将会要求重发。因此,TCP/IP 在互联网中几乎可以无差错地传送数据。对普通用户来说,并不需要了解网络协议的整个结构,仅需了解 IP 的地址格式,即可与世界各地进行网络通信。

　　IPX/SPX 是基于施乐的 XEROX'S Network System(XNS)协议,而 SPX 是基于施乐的 XEROX'S SPP(sequenced packet protocol,顺序包协议),它们都是由 Novell 公司开发出来应用于局域网的一种高速协议。它和 TCP/IP 的一个显著不同就是它不使用 IP 地址,而是使用网卡的物理地址,即 MAC 地址。在实际使用中,它基本不需要什么设置,装上就可以使用了。由于其在网络普及初期发挥了巨大的作用,所以得到了很多厂商的支持,包括 Microsoft 等,目前很多软件和硬件也均支持这种协议。

　　NetBEUI(NetBISO enhanced user interface,NetBIOS 增强用户接口)。它是 NetBIOS 协议的增强版本,曾被许多操作系统采用,例如 Windows for Workgroup,Windows 9x 系列,Windows NT 等。NetBEUI 协议在许多情形下很有用,是 Windows 98 之前的操作系统的默认协议。总之 NetBEUI 协议是一种通信效率高的广播型协议,安装后不需要进行设置,特别适应于"网络邻居"传送数据。所以建议除了 TCP/IP 之外,局域网的计算机最好也安装 NetBEUI 协议。另外还有一点要注意的是,如果一台只装了 TCP/IP 的 Windows 98 机器要想加入到 Win NT 域,也必须安装 NetBEUI 协议。

　　一个网络协议至少包括三要素,介绍如下。

　　① 语法:确定协议元素的类型,即规定通信双方彼此"讲什么",如规定通信双方要发出的控制信息、执行的动作和相应的响应等。

　　② 语义:确定协议元素的格式,即通信双方彼此"如何讲",如确定数据和控制信息的格式。

　　③ 时序:规定信息交流的次序。

1.6　IP 地址与掩码

1.6.1　IP 地址

　　在因特网中有无数的网络主机,而每台主机都会被分配一个全球范围内唯一的地址来标识。在 TCP/IP 结构体系中为每台主机分配的是一个 32 位的标识符,这一标识符便称为 IP 地址。

1. IP 地址的组成

　　每个 IP 地址分成两部分:网络 ID(也称为网络地址)和主机 ID(也称为主机地址),目前主流的 IP 地址共占 4 个字节(称为 IPv4),即 32 位。

　　为了使 32 个二进制位的 IP 地址形式更容易书写和阅读,通常将每 8 位二进制数写成十进制形式,中间用小圆点分隔,这种方法称为点分十进制法。由于每个十进制数占一个字节,因此一个十进制数的取值范围为 0~255,例如某一个 IP 地址为 192.168.1.56。

2. IP 地址的分类

在实际网络中,有的网络有很多主机,而有的网络上的主机则很少,为了便于识别与管理,TCP/IP 对 IP 地址进行了分类,如图 1-9 所示。

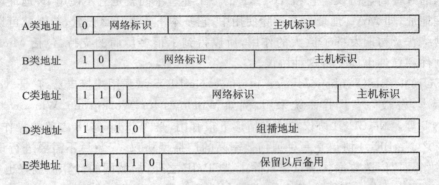

图 1-9　IP 地址的分类

(1) A 类地址

A 类地址的第一位二进制位为 0,第一个字节段表示网络标识,后 3 个字节段表示主机标识。它包括 $126(2^7-2)$ 个网络地址空间,每个网络有 $16\,777\,214(2^{24}-2)$ 台主机。编址范围为 $0.0.0.1\sim126.255.255.254$。

(2) B 类地址

B 类地址的前两位二进制位为 10,前两个字节段表示网络标识,后两个字节段表示主机标识。它包括 $16\,382(2^{14}-2)$ 个网络地址空间,每个网络有 $65\,534(2^{16}-2)$ 台主机。编址范围为 $128.0.0.1\sim191.255.255.254$。

(3) C 类地址

C 类地址的前 3 位二进制位为 110,前 3 个字节段表示网络标识,后一个字节段表示主机标识。它包括 $2\,097\,150(2^{21}-2)$ 万个网络地址空间,每个网络有 $254(2^8-2)$ 台主机。编址范围为 $192.0.0.1\sim223.255.255.254$。

(4) D 类地址

D 类地址的前 4 位二进制位为 1110,剩下的字节为组播地址。

(5) E 类地址

E 类地址的前 5 位二进制位为 11110,剩下的字节为保留部分,以备日后扩充使用。

3. 特殊 IP 地址

在 IP 地址中还有一些特殊地址,这些地址有着特殊的意义,见表 1-4。

表 1-4　特殊 IP 地址

网络标识	主机标识	使用方法	意　义
全 0	全 0	用于源地址	代表本网络的本主机
全 0	主机号	用于源地址	代表本网络的某主机
网络号	全 0	用于源地址	代表指定的某网络
全 1	全 1	用于目的地址	在本网络上对所有主机广播
网络号	全 1	用于目的地址	在指定网络上对所有的主机广播
127	任意	用于源和目的地址	回送地址,测试网络应用程序

严格来说,0.0.0.0 已经不是真正意义上的 IP 地址了。它表示的是一个集合,包括了所有不清楚的主机和目的网络。这里的不清楚是指在本机的路由表里没有指明如何到达的主机或者网络。如果在网络设置中设置了默认网关,那么 Windows 系统就会自动产生一个目的地址为 0.0.0.0 的默认路由。

255.255.255.255 是限制广播地址,对本机来说,这个地址指本网段内(同一个广播域)的所有主机。这个地址不能被路由器转发。

127.0.0.1 是指本机地址,主要用于测试。在 Windows 系统中,这个地址还被称为"localhost"。此地址不允许被发送到网络接口,除非出现错误,否则在传输介质上永远不应该出现目的地址为 127.0.0.1 的数据包。

224.0.0.1 是组播地址,注意它和广播地址的区别。从 224.0.0.0 到 239.255.255.255 都是这样的地址。224.0.0.1 特指所有主机,224.0.0.2 特指所有路由器。这类地址用于一些特定的应用程序以及多媒体程序。如果主机开启了 IRDP(Internet 路由发现协议)功能,那么主机路由表中应该有这样一条路由。

169.254.*.* 是如果主机要使用 DHCP 功能自动获得一个 IP 地址,那么当 DHCP 服务器发生故障或响应时间太长而超出系统规定的时间,Windows 系统会为其分配这样一个地址。当发现主机 IP 地址是这类地址时,则表明这个网络已经不能正常运行了。

10.*.*.*,172.16.*.*～172.31.*.*,192.168.*.* 是私有地址,这些地址被大量用于企业内部网络中。一些宽带路由器,也往往使用 192.168.1.1 作为默认地址。私有网络由于不与外部互连,因而可能使用随意的 IP 地址。保留这样的 IP 地址是为了避免以后接入公网时引起地址混乱。若私有地址想接入 Internet,则要使用网络地址转换(NAT),将私有地址转换成公用合法的地址。在 Internet 上,是不会出现这类地址的。

对一台网络上的主机来说,它可以正常接收的合法地址有 3 种:本机的 IP 地址,广播地址以及组播地址。

1.6.2　子网掩码

子网掩码是一个 32 位二进制数,用于屏蔽 IP 地址的一部分以区别网络地址和主机地址。

Internet 组织机构定义了 5 种 IP 地址,用于主机的有 A,B,C 3 类地址。其中 A 类网络有 126 个,每个 A 类网络可能有 1670 多万台主机,它们处于同一广播域。而在同一广播域中有这么多结点是不可能的,网络会因为广播通信而饱和,结果造成 1670 多万个地址中的大部分没有分配出去,从而造成了浪费。而另一方面,随着互联网应用的不断扩大,IP 地址资源越来越少。为了实现更小的广播域并更好地利用主机地址中的每一位,可以把基于类的 IP 网络进一步分成更小的网络,每个子网由路由器界定并分配一个新的子网网络地址,子网网络地址是借用基于类的网络地址的主机部分创建的。划分子网后,通过使用掩码,把子网隐藏起来,使得从外部看网络没有变化,这就是子网掩码。

RFC 950 定义了子网掩码的使用,子网掩码是一个 32 位的二进制数,其对应网络地址的所有位都置为 1,对应于主机地址的所有位都置为 0。由此可知,A 类网络的默认的子网掩码是 255.0.0.0,B 类网络的默认的子网掩码是 255.255.0.0,C 类网络的默认的子网掩码是 255.255.255.0。将子网掩码和 IP 地址按位进行逻辑与运算,得到 IP 地址的网络地址,剩下的部分就是主机地址,从而区分出任意 IP 地址中的网络地址和主机地址。子网掩码常用点分十进制表示,还可以用网络前缀法表示子网掩码,即"/<网络地址位数>"。如 156.56.0.0/16 表示 B 类网络 156.56.0.0 的子网掩码为 255.255.0.0。

路由器通过子网掩码,判断地址中的哪一部分是网络地址,哪一部分是主机地址,从而正确判断任意 IP 地址是否是本网段的,以便正确地进行路由。例如,有两台主机,主机一的 IP 地址为 222.22.161.7,子网掩码为 255.255.255.192,主机二的 IP 地址为 222.22.161.74,子网掩码为 255.255.255.192。现在主机一要给主机二发送数据,则先要判断两个主机是否在同一网段。

主机一:

$\qquad$ 222.22.161.7,即　　　11011110.00010110.10100001.00000111

$\qquad$ 255.255.255.192,即　　11111111.11111111.11111111.11000000

按位逻辑与运算结果为　　11011110.00010110.10100001.00000000

主机二:

$\qquad$ 222.22.161.74,即　　　11011110.00010110.10100001.01001010

$\qquad$ 255.255.255.192,即　　11111111.11111111.11111111.11000000

按位逻辑与运算结果为　　11011110.00010110.10100001.01000000

两个结果不同,也就是说,两台主机不在同一网络中,主机一需先发送数据给默认网关,然后再发送给主机二所在网络。那么,假如主机二的子网掩码误设为 255.255.255.128,会发生什么情况呢?

现在将主机二的 IP 地址与错误的子网掩码相"与"：

    222.22.161.74，即　　11011110.00010110.10100001.01001010

    255.255.255.128，即　11111111.11111111.11111111.10000000

按位逻辑运算与结果为　　　11011110.00010110.10100001.00000000

这个结果与主机一的网络地址相同，主机一与主机二将被认为处于同一网络中，数据不再发送给默认网关，而是直接在本网内传送。由于两台主机实际并不在同一网络中，数据包将在本子网内循环，直到超时并抛弃。数据不能正确到达目的主机，导致网络传输错误。反过来，如果两台主机的子网掩码原来都是 255.255.255.128，误将主机二的设为 255.255.255.192，主机一向主机二发送数据时，由于 IP 地址与错误的子网掩码相"与"，误认两台主机处于不同网络，则会将本来属于同一子网内的机器之间的通信当作是跨网传输，数据包都交给默认网关处理，这样势必增加默认网关的负担，造成网络效率下降。所以，子网掩码不能任意设置，因为其关系到子网的划分。

1.6.3　子网划分与掩码的设置

子网划分是通过借用 IP 地址的若干位主机位来充当子网地址，从而将原网络划分为若干子网来实现的。划分子网时，随着子网地址借用主机位数的增多，子网的数目随之增加，而每个子网中的可用主机数逐渐减少。以 C 类网络为例，原有 8 位主机位，2^8 即 256 个主机地址，默认子网掩码 255.255.255.0。借用 1 位主机位，产生 2^1 个子网，每个子网有 2^7 个主机地址；借用 2 位主机位，产生 2^2 个子网，每个子网有 2^6 个主机地址……根据子网 ID 借用的主机位数，可以计算出划分的子网数、掩码及每个子网主机数。

需要注意的是，若子网占用 7 位主机位，主机位只剩一位时，无论设为 0 还是 1，都意味着主机位是全 0 或全 1。由于主机位全 0 表示本网络，全 1 留作广播地址，这时子网实际没有可用主机地址，所以主机位至少应保留两位。

下面为子网划分的步骤或者说子网掩码的计算步骤。

① 确定要划分的子网数目以及每个子网的主机数目。

② 求出子网数目对应二进制数的位数 N 及主机数目对应二进制数的位数 M。

③ 对该 IP 地址的原子网掩码，将其主机地址部分的前 N 位置 1 或后 M 位置 0 即得出该 IP 地址划分子网后的子网掩码。

例如，对 B 类网络 134.40.0.0/16 需要划分为 20 个能容纳 200 台主机的网络。因为 $16<20<32$，即 $2^4<20<2^5$，所以，子网位只需占用 5 位主机位就可划分成 32 个子网，可以满足划分成 20 个子网的要求。B 类网络的默认子网掩码是 255.255.0.0，转换成二进制形式为 11111111.11111111.00000000.00000000。现在子网又占用了 5 位主机位，根据子网掩码的定义，划分子网后的子网掩码应该为 11111111.11111111.11111000.00000000，转换成十进制形式应该为 255.255.248.0。现在再来看一下每个子网的主机数。子网中可用主机位还有 11

位，$2^{11}=2048$，去掉主机位全 0 和全 1 的情况，还有 2046 个主机 ID 可以分配，而子网能容纳 200 台主机就能满足需求，按照上述方式划分子网，每个子网能容纳的子网数目远大于需求的主机数目，造成了 IP 地址资源的浪费。为了更有效地利用资源，也可以根据子网所需主机数来划分子网。还以上例来说，$128<200<256$，即 $2^7<200<2^8$，也就是说，在 B 类网络的 16 位主机位中，保留 8 位主机位，其他的 $16-8=8$ 位当成子网位，可以将 B 类网络 134.40.0.0 划分成 $256(2^8)$ 个能容纳 $256-1-1-1=253$ 台（去掉全 0 和全 1 情况及留给路由器的地址）主机的子网。此时的子网掩码为 11111111.11111111.11111111.00000000，转换成十进制形式为 255.255.255.0。

在上例中，分别根据子网数和主机数划分了子网，得到了两种不同的结果，都能满足要求，实际上，子网占用 5～8 位主机位时所得到的子网都能满足上述要求，那么，在实际工作中，应按照什么原则来决定占用几位主机位呢？

在划分子网时，不仅要考虑目前需要，还应了解将来需要多少子网和主机。若子网掩码使用较多的主机位，得到更多的子网，节约了 IP 地址资源，将来需要更多子网时，不用再重新分配 IP 地址，但每个子网的主机数量有限；反之，子网掩码使用较少的主机位，每个子网的主机数量允许有更大的增长，但可用子网数量有限。一般来说，一个网络中的结点数太多，网络会因为广播通信而饱和，所以，网络中的主机数量的增长是有限的，也就是说，在条件允许的情况下，会将更多的主机位用于子网位。

综上所述，子网掩码的设置关系到子网的划分。子网掩码设置的不同，所得到的子网不同，每个子网能容纳的主机数目也不同。若设置错误，则可能导致数据传输错误。

1.7 局域网常用的操作系统

1.7.1 Windows Server 2003

1. Windows Server 2003 的功能和版本细分

Microsoft Windows Server 2003 是 Microsoft Windows Server System 的基础。它是 Microsoft 迄今为止推出的最为安全和可靠的服务器操作系统，并且跨越 IT、应用程序和信息工作者基础结构提供了统一的公共服务层，该产品包括如下服务功能。

① 公共的应用程序编程模型；

② 公共的目录和安全性模型；

③ 公共的数据服务；

④ 集成化的缓存；

⑤ 集成化的分布式事务管理；

⑥ 集成化的诊断功能；

⑦ 集成化的管理服务;

⑧ 集成化的媒体和协作服务。

此外,Windows Server 2003 还在简化产品的部署和使用方面进行了显著改进,以降低系统复杂性并因而降低整个 IT 环境的成本。Windows Server 2003 产品家族可以满足从中小型企业到数据中心的各种组织机构的需求,主要分为如下 4 种版本:

① Windows Server 2003,Datacenter Edition,面向最高级别的伸缩性和可靠性;

② Windows Server 2003,Enterprise Edition,面向任务关键级服务器的工作负载;

③ Windows Server 2003,Standard Edition,面向部门级和标准的工作负载;

④ Windows Server 2003,Web Edition,面向 Web 服务和托管。

2. Windows Server 2003 的主要新增功能

(1) ADMT 2.0 版本

ADMT 2.0 现在允许从 Windows NT 4.0 域到 Windows 2000 和 Windows Server 2003 域,或者从 Windows 2000 域到 Windows Server 2003 域的口令的迁移。

(2) 重命名域

支持对当前森林中域的 DNS 名称与 NetBIOS 名称的更改,并且保证了森林仍然是"结构良好"的。管理员在活动目录部署后调整结构时有了更大的灵活性。可以对最初的设计进行修正,这使得企业在合并或重组时更容易改变现有的目录结构。

(3) 组策略的改进

微软的组策略管理控制台(GPMC)提供了一个管理所有与组策略相关任务的工具。GPMC 使得管理员可以在一个森林中的多个站点或域中来管理组策略,所有这些操作都通过一个支持拖拽功能的简化的用户界面(UI)进行。它包括一些新的功能,例如对活动目录对象(GPO)的备份、恢复、导入、复制和报告。这些操作是完全脚本化的,从而使管理员可以实现自定义和自动的管理。这些特性也可以使组策略更加易用,帮助用户更加经济高效地管理企业。

(4) 跨森林验证

跨森林验证使得在用户账户位于一个森林而计算机账户位于另一个森林的情况下能够安全地访问资源。这个特性允许用户在不牺牲单一登录机制的前提下通过使用 Kerberos 或者 NTLM 来安全地访问另一个森林中的资源,而由于只存在一个需要维护的用户 ID 和口令,因此管理也被大大简化了。

(5) 支持更大的集群

Windows Server 2003 数据中心版所支持的最大结点数目已从 Windows 2000 的 4 个结点增加到 8 个结点。Windows Server 2003 企业版所支持的最大结点数目已从 Windows 2000 的 2 个结点增加到 8 个结点。通过增加服务器集群的结点数目,管理员在部署应用和提供容错策略时有了更多的选择以匹配商务需求和风险要求。像传统的结点"与"/"或"应用失效转移一样,大的服务器集群提高了更高的灵活性以建立多站点、地理分散的集群来提供高容错能力。

(6) 64 位服务

服务器集群完全支持运行 64 位 Windows Server 2003 的计算机。应用可以受益于 64 位 Windows Server 2003 操作系统增加的内存地址,也能够受益于灾难转移所提供的高可用性。

(7) 增强的分布式文件系统(DFS)

DFS 可以帮助用户在多重物理系统之外创建逻辑文件系统,便于使用。通过 DFS 用户可以创建单一的在组、部门或企业内的包括多重文件服务器的文件共享目录树,从而能够轻松地寻找分布在网络任何地方的文件或文件夹,使用活动目录服务,DFS 共享可以作为卷对象发布并被委派管理。DFS 通过指定的路径,利用最近的活动目录站点计数发送到距离文件服务器最近的客户端。Windows Server 2003 系统提供了多重的 DFS 根。

(8) 网际协议 Version 6 (IPv6)

IPv6 是 TCP/IP 网络层协议的下一版。IPv6 解决了 IPv4 中存在的有关地址损耗、安全、自动配置和延展性等问题。Windows Server 2003 提供的 IPv6 协议驱动有很高的产品质量、有效性、广泛的 API 支持(Windows Sockets, remote procedure call [RPC] and IPHelper)以及 IPv6 系统元件。同时 IPv6 为 IPv6/IPv4 共存技术,如 Intra – site automatic tunnel addressing protocol (ISATAP)。

(9) 网际协议安全 (IPSec) over NAT

跨越 NAT 使用基于 IPSec 的 VPN 或 IPSec 保护应用程序的困难已经被消除了。Windows Server 2003 允许二层隧道协议(L2TP)over IPSec (L2TP/IPSec)或 IPSec 连接通过 NAT。这种能力基于最新的 IETF 标准作业。管理员也可以使用这个特性在没有向 VPN 服务器要求的情况下,安全地进行周围网络 Microsoft Exchange 服务器与内部网运行 Exchange 服务器的交换,以及安全进行周围网络应用服务器"与"在 Internet 上的伙伴应用服务器的交换。

(10) Internet 连接防火墙

Windows Server 2003 将使用基于软件的防火墙以提供 Internet 安全,称其为 Internet 连接防火墙(ICF)。ICF 可为直接连到 Internet 上的计算机和位于 Internet 连接共享主机(ICS)后面的计算机提供保护。

1.7.2　UNIX 网络操作系统

UNIX 从诞生至今已有 28 年左右的历史了,它是一个多用户、多任务的网络操作系统。UNIX 系统受到计算机界的长久支持和欢迎。20 世纪 80 年代,它在商业中也获得了成功。UNIX 的确是一种优秀的网络操作系统,其内部采用的是一种层次结构,如图 1 – 13 所示。

UNIX 网络操作系统不仅可在微型计算机上运行,而且也支持在大、中、小型机上运行。

在微型计算机上运行主要采用的是 UNIX System V 版本,而在大、中、小型机上运行主要采用 UNIX BSD 版本。虽然从版本上看,UNIX 只有两个重要的分支,但从实际的 UNIX 产品来看,却有许多类型,如 Linux,Solaris,SCO UNIX,Digital,UNIX,HP UNIX,IBM AIX,Beliant UNIX 等。

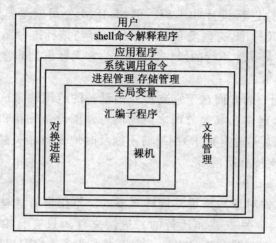

图 1-10　UNIX 系统的层次结构

UNIX 系统的功能主要体现在:实现网络内点到点的邮件传送、文件管理、用户程序的分配和执行。正是 UNIX 系统的强大功能和可依赖的稳定性,使其在市场上一直占有主导地位。虽然 Internet 开始风靡于 1995 年,但是,由于 UNIX 是 Internet 的起源,所以要建立 Internet/Intranet 应用项目,UNIX 网络操作系统仍是主要的选择对象。

UNIX 支持网络文件系统(NFS),对于熟悉 DOS,Windows 的用户来讲,必须购买并安装相应的 NFS 软件,才能透明、方便地访问 UNIX 服务器上的目录资源。

1.7.3　Red Hat Linux

1994 年,Young 和 Mark Ewing 创建了 Red Hat 公司,并创造了全球使用最广泛的 Red Hat Linux 套件,为 Linux 的普及奠定了基础。Red Hat 取得了辉煌的成绩,甚至许多 Linux 发行公司还采用了许多 Red Hat Linux 的代码,如 Mandrake,SOT Best,Connectiva,Abit 和 Kondara。可以说,Red Hat 在某种意义上几乎成了 Linux 的代名词。

近年来,Linux 已成为一个强大而又新颖的类 UNIX 操作系统,其流行性甚至超过了它的前辈 UNIX。虽然在许多方面 Linux 都模仿了 UNIX,但在某些重要方面却与 UNIX 不同。如 Linux 内核是独立于 BSD 和 System V 实现的;Linux 进一步的发展是在世界各地精英的共同努力下进行的;Linux 使得商业人士和个人计算机用户很容易地获得 UNIX 的功能。

1．应　用

　　Linux 在实际应用中有着很多的选择，可在免费版和商业版间选择，也可在多种工具中选择，如图形、文字处理、网络、安全、管理及 Web 服务器等工具。一些较大的软件公司已经发现支持 Linux 可带来利润，并且雇佣了大量的专职程序员对 Linux 内核，GNU，KDE 等其他一些运行在 Linux 上的软件进行设计和编码。例如，IBM 公司就是其中一个主要的支持商。Linux 越来越符合 POSIX 标准，有些发布版的部分内容与该标准一致。这些事实表明 Linux 将越来越成为主流，并且与其他流行的操作系统相比，它无疑也是非常具有吸引力的。

2．外围设备

　　Linux 另一个吸引用户的方面在于它支持外围设备的范围非常广，以及对新外围设备的支持速度非常快。Linux 经常在其他公司之前提供对外围设备和接口卡的支持。遗憾的是，某些类型的外围设备(尤其是专有显卡)制造商不能及时地发行相关规范和驱动程序源代码，这使得 Linux 对它们的支持有所落后。

3．软　件

　　此外，大量的可用软件对用户来说是同样重要的。不仅要有这些软件的源代码(需要编译)，还要有预先编译好、容易安装和运行的二进制文件。只有自由软件是不够的。例如，Netscape 最初是在 Linux 下使用，而且 Linux 在许多商业卖主之前提供了对 Java 的支持。现在，作为 Netscape 同胞的 Mozilla，也是一个很好的浏览器，它的邮件客户端、新闻阅读器等功能都不错。

4．平　台

　　Linux 并不仅仅基于 Intel 平台，它还可以移植并运行在 Power PC 上，如 Apple 机(ppclinux)、基于 Alpha 的 Compaq 机(née 数字设备公司)、基于 MIPS 的计算机、基于 Motorola 68K 的计算机和 IBM S/390 机。并且 Linux 不仅仅运行在单处理器的计算机上，版本 2.0 可运行在多处理机(SMP)上。Linux 的版本 2.5.2 包括一个 O(1)调度器，该调度器可明显增加 SMP 计算机上的可伸缩性。

5．模拟器

　　Linux 还支持运行在其他操作系统上的程序模拟器。通过使用这些模拟器，能在 Linux 下运行 DOS，Windows 和 Macintosh 程序。Wine 是 Windows API 在 X 和 UNIX/Linux 上的开源实现。QEMU 是一个仅对 CPU 进行模拟的模拟器，它可在非 x86 的 Linux 系统下执行 x86 的 Linux 二进制文件。

1.7.4　Novell NetWare

　　NetWare 是 20 世纪 90 年代最流行的网络操作系统，它属于层次式的网络操作系统，但其霸主的地位正受到 Windows NT 的威胁。NetWare 是 32 位实时、多任务网络系统，是基于模块设计思想的开放式系统结构。

NetWare 由两部分组成如下。

① NetWare 核心部件,运行在文件服务器上,包括内存管理程序、文件系统管理程序和进程调度程序等。

② NetWare Shell,即外壳程序,它作为用户的接口,运行在用户工作站上。对用户命令进行解释,若为 DOS 命令则进入 DOS,执行本地 DOS 功能;若为网络请求则将其转换后送到文件服务器。同时,它也接收并解释来自网络服务器的信息,并将其变为用户所需要的形式。

NetWare 是一种基于服务器的网络操作系统,采用层次结构模式、侧重于服务器的网络文件系统以及网络管理功能。

NetWare 之所以成为流行的网络操作系统,主要原因是 NetWare 网络操作系统具有如下的功能。

① NetWare 系统的开放性。NetWare 系统对不同的工作平台(如 DOS,OS/2,Macintosh,Windows)、不同的网络协议环境(如 IPX/SPX,TCP/IP,AppleTalk)以及不同的工作站操作系统提供了一致的服务。

② NetWare 系统的安全性。NetWare 系统为用户提供了完善的安全措施。它包括用户密码、目录的权限、文件和目录的属性,以及对用户登录工作站点及时间的限制。

③ NetWare 系统的容错性。NetWare 系统提供了可靠的容错措施。可分为以下 5 个级别。

● 第 1 级是硬盘目录和文件分配表的保护。
● 第 2 级是硬盘表面损坏时的数据保护。
● 第 3 级是 SFT。NetWare 采用磁盘镜像的方法实现硬盘驱动器损坏的保护。
● 第 4 级是采用磁盘双工,当磁盘通道或硬盘驱动损坏时起保护作用。
● 第 5 级是设置事务跟踪系统(transaction tracking system,TTS),用以防止当数据在写到数据库时,因系统故障而造成的数据库损坏。

④ NetWare 服务器可提供给主机 4 个网卡所需要的资源,4 个不同的 LAN 在 NetWare 服务器中物理上可以连在一起。对于多个 LAN 的情况,NetWare 服务器中具有一个内部路由器,用来选择路径。

⑤ NetWare 是出色的文件服务系统,它直接对微处理器编程。

⑥ 支持多种硬件。

⑦ 系统保密、安全性好,支持不同特性的网际互连。

习　题

1. 填空题

(1) 计算机网络最主要的功能是资源共享,有 3 类资源可以共享,分别是硬件资源、

_____和_____。

（2）在_____的基础上建立管理信息系统，是企业管理的基本前提和特征。

（3）网络拓扑结构主要有_____、星形、环形、_____、混合型和网形。

（4）展频技术主要分为_____和_____两种方式。

（5）IP 地址分由_____和_____两部分组成。

2. 问答题

（1）计算机网络有哪些主要功能？

（2）计算机网络有哪些资源可以共享？试举例说明。

（3）试列举一些计算机网络的应用案例。

（4）局域网有哪些特点？

（5）描述 CSMA/CD 的简单原理。

（6）以光纤作为传输介质，具有哪些优点？

（7）IP 地址的作用是什么？

（8）IP 地址分为哪几类？192.168.2.23 是哪类地址？

（9）子网掩码的作用是什么？拥有相同子网掩码的主机在同一个网络中吗？

第 2 章　网络硬件知识

【本章要点】
➤ 掌握网卡的种类并能进行网卡的选购
➤ 了解网络传输介质并熟悉其功能与原理
➤ 掌握网桥与网关的应用

现在局域网大多采用以太网的拓扑结构,物理上由服务器、工作站(包括终端)、传输介质、网络连接硬件和外部设备组成。服务器是一台配备高性能 CPU 系统的微机,它充当整个网络的核心。除了管理整个网络上的事务外,还提供各种资源和服务。而工作站是一台智能终端,能够处理各种程序和数据。网络传输介质是各个终端相互连接的器件,使得终端之间可以相互通信。目前常用的网络传输介质有双绞线(常用于局域网)、同轴电缆和光纤等。常用的网络连接硬件有网卡(NIC)、集线器(hub)、交换机(switch)和路由器(route)等。而打印机、扫描仪、绘图仪及其他可为工作站共享的设备都可称之为外部设备。本章着重介绍一些有关网络传输介质和网络连接器方面的知识。

2.1　网卡知识

2.1.1　网卡的种类

目前市场上的网卡(见图 2-1)有多种分类方法,根据不同的标准,有不同的分法。

1. 按网络类型分类

根据网络应用类型的不同,网卡可分为 ATM 网卡、令牌环网网卡和以太网网卡。目前以太网应用居多,所以市面上的以太网网卡居多。

2. 按传输速率分类

网卡按其工作传输速率的不同(即其支持的带宽)可分为 10 Mbit/s网卡、100 Mbit/s 网卡、10/100 Mbit/s 自适应网卡以及千兆网卡。其中,10/100 Mbit/s 自适应网卡是目前最流行的一种网卡,它的最大传输速率为 100 Mbit/s,该类网卡可根据网络连接对象的速度,自动确定工作传输速率为 10 Mbit/s 或 100 Mbit/s。10 Mbit/s 网卡由于速度太慢,已经很少采用。

图 2-1　网　卡

3. 按总线类型分类

根据主板上总线的类型,网卡可划分为 ELSA,ISA、PCI 和 USB 4 种。PCI 网卡具有性价比高、安装简单等特点,它是目前应用最广泛、最流行的网卡。USB 接口网卡是最近才出现的产品,这种网卡是外置式的,不占用计算机扩展槽,安装方便,主要是为了满足没有内置网卡的便携式计算机(笔记本电脑)用户的需求。ELSA 和 ISA 网卡已基本被淘汰。

另外,根据工作对象的不同,网卡又可以分为服务器专用网卡、PC 网卡、笔记本电脑专用网卡和无线局域网网卡 4 种。服务器专用网卡是为了适应网络服务器的工作特点而设计的,售价较高,一般只安装在一些专用的服务器上。市场上常见的是 PC 网卡,此类网卡售价低、工作稳定,现已被广泛应用。无线局域网网卡是最近新推出的针对无线用户的网卡,最高传输速率达 54 Mbit/s。

2.1.2 网卡的选购

网卡看似一个简单的网络设备,但都具有决定性的作用。如果网卡性能不好,其他网络设备性能再好也无法实现用户预期的效果。因此,在选购网卡时要注意如下的几个方面。

1. 网卡的材质和制作工艺

网卡属于电子产品,它的制作工艺主要体现在焊接质量、板面光洁度上。选购时可以观察它的焊接质量。一般正规厂商生产的网卡,其焊接质量都很好,不会出现虚焊、漏焊或堆焊的现象,所有的焊接点看上去大小也基本一致。

2. 根据网络类型选择网卡

由于网卡种类繁多,不同类型网卡使用的环境很可能不一样。因此,大家在选购网卡之前,最好应明确所选购网卡使用的网络环境及传输介质类型、与之相连的网络设备带宽等情况。目前市场上的网卡根据连接介质的不同,基本上可以分为粗缆网卡(AUI 接口)、细缆网卡(BNC 接口)及双绞线网卡(RJ - 45 接口)。如果是以双绞线为传输介质的则要选用 RJ - 45 接口类型的网卡;如果传输介质是细同轴电缆的则要选用 BNC 接口类型的网卡;如果采用粗同轴电缆则要求选用 AUI 接口的网卡。此外还有 FDDI 接口类型的网卡、ATM 接口类型的网卡,它们分别适用于对应的网络。现在 PC 上使用的网卡大多是 RJ - 45 接口类型。一般情况下,10 Mbit/s 网卡为单口(一个 RJ - 45 接口)或双口(RJ - 45 与 BNC 两个接口),而 100 Mbit/s 或 10/100 Mbit/s 自适应网卡则仅有一个 RJ - 45 接口。这是因为细缆的速度达不到 100 Mbit/s。这点在购买 10/100 Mbit/s 自适应网卡和 100 Mbit/s 网卡的时候可以成为一个辨别的依据。

3. 选择恰当的品牌

当为较大型的企业网络购买网卡时,选择网卡不应贪图便宜,最好购买信誉较高的名牌产品。当然这里所指的名牌,也并非专指 3COM,Intel,D - Link,Accton 等一线大品牌,国产信誉较高的品牌也是不错的选择,如实达,TP - Link,D - Link 等。网卡现在已是低技术含量的

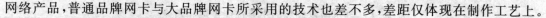

网络产品,普通品牌网卡与大品牌网卡所采用的技术也差不多,差距仅体现在制作工艺上。

4.根据计算机插槽总线类型选购网卡

网卡插在计算机主板上的插槽中,因此这就要求所购买的网卡总线类型必须与装入机器的总线相符。总线的性能直接决定从服务器内存和硬盘向网卡传递信息的效率。与 CPU 一样,影响硬件总线性能的因素也有两个:数据总线的宽度和时钟速度。目前主流产品为 PCI 接口类型网卡。

2.2　传输介质

2.2.1　双绞线

1.双绞线的概况

双绞线(twisted pairwire,TP)是综合布线工程中最常用的一种传输介质。从图 2-2 中可以看出,双绞线电缆中封装着 4 对双绞线,每对双绞线含两根导线,每根双绞线电缆共有 8 根导线,这 8 根导线上有颜色标记,分别是白橙、橙、白蓝、蓝、白绿、绿、白棕和棕。双绞线由两根具有绝缘保护层的铜导线组成。把两根绝缘的铜导线按一定密度互相绞在一起,可降低信号干扰的程度,每一根导线在传输中辐射的电波会被另一根线上发出的电波抵消。如果把一对或多对双绞线放在一个绝缘套管中便成了双绞线电缆。与其他传输介质相比,双绞线在传输距离、信道宽度和数据传输速度等方面均受到一定限制,但是价格低廉。

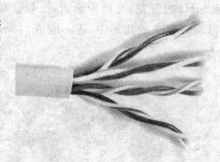

图 2-2　双绞线

双绞线分为屏蔽双绞线(shielded twisted pair wire,STP)和非屏蔽双绞线(unshielded twisted pairwire,UTP)两大类。所谓屏蔽双绞线是指在内部的导线和外层绝缘皮之间间隔一层金属材料,这层金属材料具有屏蔽电磁干扰的作用,故称为屏蔽双绞线。屏蔽双绞线电缆的外层由铝箔包裹,以减小辐射,但不能完全消除辐射。屏蔽双绞线价格相对较高,安装时要比非屏蔽双绞线电缆麻烦。非屏蔽双绞线无此金属材料,所以没有屏蔽电磁干扰的功能。屏蔽双绞线分为 3 类、5 类两种。非屏蔽双绞线主要分为 3 类、4 类、5 类和超 5 类 4 种。屏蔽双绞线由于价格相对较高;安装又不太方便等原因而使用较少。非屏蔽双绞线具有质量轻、体积小、价格便宜、使用方便、能够满足常规的应用要求等优点而成为市场上的主流产品,其中使用最多的为非屏蔽 5 类和超 5 类双绞线。

在小型局域网中,一般使用非屏蔽双绞线进行网络的连接,不同类型非屏蔽双绞线的主要技术参数和用途如表 2-1 所示。

表 2 - 1　非屏蔽双绞线的主要性能参数和用途

非屏蔽双绞线类别	最高工作频率/MHz	最高数据传输速率/(Mbit/s)	主要用途
3 类	16	10	10 Mbit/s 网络
4 类	20	16	10 Mbit/s 网络(一般不用)
5 类	100	100	10 Mbit/s 和 100 Mbit/s 网络
超 5 类	100	155	10 Mbit/s、100 Mbit/s 网络和 1000 Mbit/s 网络环境

　　非屏蔽 5 类双绞线的数据传输速率最高可达 100 Mbit/s,在 10/100 Mbit/s 的局域网中一般都采用非屏蔽 5 类双绞线作为传输介质。

　　非屏蔽超 5 类双绞线(见图 2-3)与非屏蔽 5 类双绞线相比,具有信号衰减小,抗干扰能力强的特点。非屏蔽超 5 类双绞线可作为百兆以太网、千兆以太网中的传输介质。

　　虽然非屏蔽 6 类双绞线(见图 2-4、图 2-5)标准已发布,该标准规定未来布线应达到200 MHz 的带宽,可以传输语音、数据和视频,但市面上的相关产品却较少。所以,6 类双绞线在目前和未来的几年中,还不能成为局域网布线的主流选择。7 类双绞线标准还没有正式提出来。

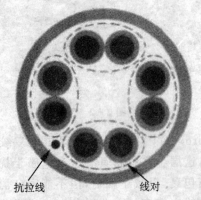

抗拉线　　　　　线对

图 2-3　非屏蔽超 5 类双绞线横截面图

图 2-4　非屏蔽 6 类双绞线

2. 双绞线的接头

　　在网络中,双绞线的两端要压上一个称为 RJ - 45 的接头(见图 2-6)才能和集线器、交换机、网卡等设备相连。由于 RJ - 45 接头晶莹透明,习惯上常常称为水晶头。水晶头的前端有 8 个凹槽,每个槽内有一个金属接点,通过专门工具(压线钳)压制与双绞线线芯接触从而连通电路。

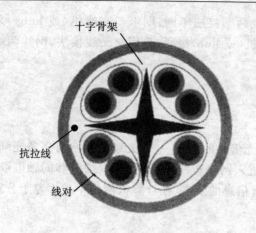

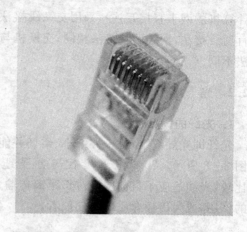

图 2-5　非屏蔽 6 类双绞线横截面图　　　　　图 2-6　RJ-45 接头

3. 双绞线与设备之间的连接方法

双绞线的连接指的是双绞线和 RJ-45 接头的连接,不同的使用场合有不同的压制方法,EIA/TIA-568A(美国电子工业协会)标准提供了 T568A 和 T568B 两种连线模式,分别如图 2-7(a)和 2-7(b)所示。

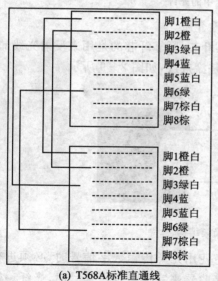

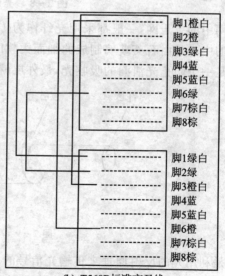

(a) T568A标准直通线　　　　　　　(b) T568B标准交叉线

图 2-7　双绞线的两种连接方法示意

双绞线与设备之间的连接方法很简单,简而言之,在一般情况下,设备口相同,使用交叉线[图 2-7(b)的 T568B 标准];不同则使用直通线[图 2-7(a)的 T568A 标准]。例如对等网(两台计算机的网卡直接互连),采用交叉线接法,网线两端接法不同;网卡与交换机(或 hub),采用直通线接法,网线两端接法相同;交换机与交换机(或 hub)级联,采用交叉线接法,网线两端接法不同。

2.2.2　光　纤

1. 光纤的概况

光纤即光导纤维,是一种细小、柔韧并能传输光信号的介质,一根光缆中包含有多条光纤,如图 2-8 所示。20 世纪 80 年代初期,光缆开始进入网络布线。与铜缆(双绞线和同轴电缆)相比较,光缆适应了目前网络对长距离传输大容量信息的要求,在计算机网络中发挥着十分重要的作用,成为传输介质中的佼佼者。

图 2-8　光缆中的光纤

局域网中的主干网,一般都采用光纤作为传输介质。

光缆的中心是由石英玻璃制成的细而柔软的纤芯,紧靠纤芯的是用来反射光线的包层,包层的外面是一个防止光泄漏的吸收壳,最外层就是涂敷层,如图 2-9 所示。

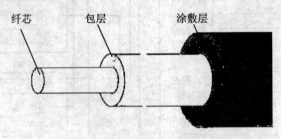

图 2-9　光缆结构

光纤是利用光的反射原理来传输光信号的。使用光纤传输数字信号时,必须进行光电信号的互相转换,一般由光纤两端的光发射器、光接收器来完成。发送信号时,光纤一端的光发射器将电信号转换为光信号;接收信号时,光纤另一端的光接收器将光信号转换为电信号。

2. 光纤的分类

光纤的分类方法较多,目前在计算机网络中常根据传输点模数的不同来分类。根据传输点模数的不同,光纤分为单模光纤和多模光纤两种("模"是指以一定角速度进入光纤的一束光）。单模光纤采用激光二极管（ILD）作为光源，而多模光纤采用发光二极管（LED）作为光源。多模光纤的芯线粗，传输速率低、距离短，整体的传输性能差，但成本低，一般用于建筑物内或地理位置相邻的环境中；单模光纤的纤芯相应较细，传输频带宽、容量大、传输距离长，但需要激光源，成本较高，通常在建筑物之间或地域分散的环境中使用。单模光纤是当前计算机网络中研究和应用的重点。

目前，光纤多用于千兆位以太网，且多为网络主干部分的千兆位连接，其中包括 1 000 Base－SX，1 000 Base－LX，1 000 Base－LH 和 1 000 Base－ZX 等 4 个标准。其中 SX（short－wave）为短波，LX（long－wave）为长波，LH（long－haul）和 ZX（extended range）为超长波。1 000 Base－LH 和 1 000 Base－ZX 则只能使用单模光纤。

3. 光纤通信的特点

与铜质电缆相比较，光纤通信明显具有其他传输介质无法比拟的优点。

① 传输信号的频带宽，通信容量大；信号衰减小，传输距离长；抗干扰能力强，应用范围广。

② 抗化学腐蚀能力强，适用于一些特殊环境下的布线。

③ 光纤传输的是光信号，不会受到电磁干扰。光信号也不易被窃取，数据安全性好。

当然光纤也存在着一些缺点，如质地脆，机械强度低，切断和连接技术要求较高，和它连接的通信部件价格比较高等这些缺点也限制了光纤目前的应用。

2.2.3　无线传输介质

无线介质不使用电或光导体进行电磁信号的传递工作。从理论上讲，地球上的大气层为大部分无线传输提供了物理数据通路。由于各种各样的电磁波都可用来携载信号，所以电磁波就被认为是一种介质。无线介质主要包括无线电波、微波、激光和红外线，通常称它们为软介质。

1. 无线电波

无线电波传输是一种很重要的传输方式。无线电的频率范围为 10 kHz～1 GHz，其中大部分是国家管制的频段，需要申请使用，并且发射功率不能过大，因此限制了作为网络通信介质的使用范围。电磁波频谱 10 kHz～1 GHz 为无线电频率，它包含的广播频道有短波无线频带，甚高频（VHF）电视及调频无线电频带，超高频（UHF）无线电及电视频带。管制带宽的用户必须从无线电管理部门得到许可证才能使用。对无线电管理部门（如美国的 FCC、加拿大的 CDC）有权管理的频率区域，用户一旦得到使用许可，即可保证能在这一特定区域内得到良好的传输效果。

无线电波传输是全方向的，也就是说不必将接收信号的天线放在一个特定的地方或指向一个特定的方向，只要接收机能够接收到当地电波传输信号即可。

2．微 波

微波数据通信系统主要分为地面系统与卫星系统两种。尽管它们使用同样的频率，又非常相似，但能力上有较大的差别。

（1）地面微波

地面微波采用定向抛物面天线接收，要求发送方与接收方之间的通路没有大障碍或视线能及。地面微波信号一般在低 GHz 频率范围。由于微波连接不需要电缆，所以与基于电缆方式的连接相比，它较适合跨越荒凉或难以通过的地段。一般经常用于连接两个分开的建筑物或在建筑群中构成一个完整网络。

地面微波系统的频率一般为 4～6 GHz 或 21～23 GHz。对于几百米的短距离系统较为便宜，甚至采用小型天线进行高频传输即可，超过几千米的系统价格则要相对高一些。

微波数据系统无论大小，它的安装都比较困难，需要良好的定位，并要申请许可证。传输率一般取决于频率，小到 1～10 Mbit/s。衰减程度随信号频率和天线尺寸而变化。对于高频系统，长距离会因雨天或雾天而增大衰减；天气的变化对近距离不会有什么影响。无论近距离、远距离，微波对外界干扰都非常灵敏。

（2）卫星微波

卫星微波是利用地面上的定向抛物天线，将视线指向地球同频卫星。卫星微波传输跨越陆地或海洋。所需要的时间与费用，与只传输几千米没有什么差别。由于信号传输的距离相当远，所以会有一段传播延迟。这段传播延迟时间小到 500 ms，大至数秒。

卫星微波也常使用低 GHz 频率，一般为 11～14 GHz，它的设备相当昂贵，但是对于超长距离通信时，它的安装费用则会比电缆安装低。由于涉及卫星现代空间技术，它的安装要复杂得多。地球站的安装要简单一些。对于单频数据传输来讲，传输速率一般小于 1～10 MHz。同地面微波一样，高频微波会由于雨天或大雾，使衰减增加较大，抗电磁干扰性也较差。从卫星上发出的信号只能到达特定的区域，微波的射线传送到地球表面产生一个覆盖区，地面站只有在覆盖区内才能接收到卫星传送的信号。

3．激 光

激光通信的原理是把载有数据信号的激光通过调制，然后发送给定点接收器，通过解调还原出数据信号，即载有数据信号的激光发射器件，通过无线的方式传送给激光接收器件，完成无线的激光通信。当前只能是近距离的通信，像微波一样，激光只能视距传输，而且受天气条件的影响，有雾和雪等能见度低的天气是不行的，通信的解码效果还有待提高。

4．红外线

还有一种无线传输介质是建立在红外线基础之上的。红外系统采用发光二极管（LED）、激光二极管（ILD）来进行站与站之间的数据交换。红外设备发出的光，非常纯净，一般只包含电磁波或小范围电磁频谱中的光子。传输信号可以直接或经过墙面、天花板反射后，被接收装置收到。

红外信号没有能力穿透墙壁和一些其他固体,每一次反射都要衰减一半左右,同时红外线也容易被强光源给盖住。红外波的高频特性可以支持高速度的数据传输,它一般可分为点到点与广播式两类。

(1) 点到点红外系统

点到点红外系统是大家最熟悉的,如常用的遥控器。红外传输器使用光频(大约100 GHz~1000 THz)的最低部分。除高质量的大功率激光器较贵以外,一般用于数据传输的红外装置都非常便宜。然而它的安装必须精确到绝对点对点。目前它的传输率一般为几kbit/s,根据发射光的强度、纯度和大气情况,衰减有较大的变化,一般距离为几米到几千米不等。聚焦传输具有极强的抗干扰性。

(2) 广播式红外系统

广播式红外系统是把集中的光束,以广播或扩散的方式向四周散发。这种方法也常用于遥控和其他一些消费设备上。利用这种设备,一个收发设备可以与多个设备同时通信。

2.3　集线器

2.3.1　集线器的定义

集线器(hub)(见图 2-10)是数据通信系统中的基础设备,它和双绞线等传输介质一样,是一种不需任何软件支持或只需很少管理软件管理的硬件设备。它被广泛应用于各种场合。集线器工作在局域网(LAN)环境,像网卡一样,应用于 OSI 参考模型第一层,因此又称为物理层设备。集线器内部采用了电器互连,当维护LAN 的环境是逻辑总线型或环形结构时,完全可以用集线器建立一个物理上的星形或树形网络结构。此时,集线器所起的作用相当于多端

图 2-10　集线器

口的中继器。其实,集线器实际上就是中继器的一种,其区别仅在于集线器能够提供更多的端口服务,所以集线器又称多口中继器。

2.3.2　集线器的工作特点

依据 IEEE 802.3 协议,集线器功能是随机选出某一端口的设备,并让它独占全部带宽,与集线器的上联设备(交换机、路由器或服务器等)进行通信。由此可以看出,集线器在工作时具有以下两个特点。

① hub 只是一个多端口的信号放大设备,工作中当一个端口接收到数据信号时,由于信号在从源端口到 hub 的传输过程中已有了衰减,所以 hub 便将该信号进行整形放大,使被衰

减的信号再生(恢复)到发送时的状态,紧接着转发到其他所有处于工作状态的端口上。从 hub 的工作方式可以看出,它在网络中只起到信号放大和重发作用,其目的是扩大网络的传输范围,而不具备信号的定向传送能力,是一个标准的共享式设备。因此有人称集线器为"傻 hub"或"哑 hub"。

② hub 只与它的上联设备(如上层 hub、交换机或服务器)进行通信,同层的各端口之间不会直接进行通信,而是通过上联设备再将信息广播到所有端口上。由此可见,即使是在同一 hub 的两个不同端口之间进行通信,都必须要经过两步操作:第一步是将信息上传到上联设备;第二步是上联设备再将该信息广播到所有端口上。

不过,随着技术的发展和需求的变化,目前的许多 hub 在功能上进行了拓宽,不再受这种工作机制的影响。由 hub 组成的网络是共享式网络,同时 hub 也只能够在半双工下工作。

hub 主要用于共享网络的组建,是解决从服务器直接到桌面最经济的方案。在交换式网络中,hub 直接与交换机相连,将交换机端口的数据送到桌面。使用 hub 组网非常灵活,它处于网络的一个星形结点上,对结点相连的工作站进行集中管理,从而避免出问题的工作站影响整个网络的正常运行,并且用户的加入和退出也很自由。

2.3.3 集线器的分类

1. 按连接速率分类

根据连接速率的不同,目前市面上用于小型局域网的集线器可分为 10 Mbit/s、100 Mbit/s 和 10 Mbit/s 自适应 3 个类型。由于在大型局域网中集线器已逐渐被交换机所替代,所以 1000 Mbit/s 和 100/1000 Mbit/s 的集线器在市面上很少见。集线器的分类与网卡基本相同,因为集线器与网卡之间的数据交换是相互对应的。自适应集线器也称为双速率集线器,如 10/100 Mbit/s,它内置了 10 Mbit/s 和 100 Mbit/s 两条内部总线,可根据所连接设备的工作速率进行选择。

2. 按管理方式的不同分类

根据对集线器管理方式的不同可分为智能型和非智能型集线器两种:智能型集线器克服了普通集线器的缺点,增加了网络的交换功能,具有网络管理和自动检测网络端口流量的能力(类似于交换机),目前智能型集线器已向着交换功能方向发展,缩短了集线器与交换机之间的距离;非智能型集线器只起到简单的信号放大和再生作用,没有相应的管理软件或协议来提供网络管理功能,无法对网络性能进行优化。

3. 按配置形式分类

根据配置形式的不同,集线器可分为独立型集线器、模块化集线器和可堆叠式集线器 3 大类。其功能特点如下。

(1) 独立型集线器

独立型集线器是最早应用于 LAN 的设备,目前它有低价格、容易查找故障、网络管理方便等优点,在家庭、小型办公室等小型 LAN 中得到了广泛使用,如图 2-11 所示。但这类集线器的工作性能较差,尤其是速率小。

（2）模块化集线器

模块化集线器一般带有机架和多个卡槽,每个卡槽中可安装一块卡,每块卡的功能相当于一个独立型集线器,多块卡通过安装在机架上的通信底板进行互连并进行相互之间的通信。现在常使用的模块化集线器一般具有 3～14 个槽,如图 2-12 所示。模块化集线器在较大型网络中便于实施对用户的集中管理,所以在大型网络中得到了广泛的应用。

图 2-11　独立型集线器

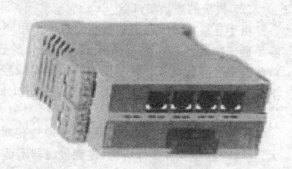

图 2-12　模块化集线器

（3）可堆叠式集线器

可堆叠式集线器是利用高速总线将单个独立型集线器"堆叠"或短距离连接后的设备,其功能相当于一个模块化的集线器。一般情况下,当有多个集线器堆叠时,其中存在一个可管理集线器,利用可管理集线器可对此可堆叠式集线器中的其他独立型集线器进行管理。可堆叠式集线器可非常方便地实现对网络的扩充,是新建网络时最为理想的选择,如图 2-13 所示。

图 2-13　可堆叠式集线器

2.3.4　局域网集线器选择

随着技术的发展,在局域网尤其是一些大中型局域网中,集线器已逐渐退出应用,而被交换机代替。目前,集线器主要应用于一些中小型网络或大中型网络的边缘部分。下面以中小型局域网的应用为例,介绍其选择方法。

1. 以速度为标准

集线器速度的选择,主要决定于以下 3 个因素。

(1) 上联设备带宽

如果上联设备允许用 100 Mbit/s,自然可购买 100 Mbit/s 集线器;否则 10 Mbit/s 集线器应是理想选择,由于是对网络连接设备数较少,而且通信流量不是很大的网络来说的,10 Mbit/s集线器就可以满足应用需要。

(2) 提供的连接端口数

由于连接在集线器上的所有站点均争用同一个上行总线,所以连接的端口数目越多,就越容易造成冲突。同时,发往集线器任一端口的数据将被发送至与集线器相连的所有端口上,端口数过多将降低设备有效利用率。依据实践经验,一个 10 Mbit/s 集线器所管理的计算机数不宜超过 15 个,100 Mbit/s 的不宜超过 25 个。如果超过,应使用交换机来代替集线器。

(3) 应用需求

传输的内容不涉及语音、图像,传输量相对较小时,选择 10 Mbit/s 即可。如果传输量较大,且有可能涉及多媒体应用(注意集线器不适于用来传输时间敏感性信号,如语音信号)时,应当选择 100 Mbit/s 或 10/100 Mbit/s 自适应集线器。10/100 Mbit/s 自适应集线器的价格一般要比 100 Mbit/s 的高。

2. 以能否满足拓展为标准

当一个集线器提供的端口不够时,一般有以下两种增加用户数目的方法。

(1) 堆　叠

堆叠是解决单个集线器端口不足的一种方法,但是因为堆叠在一起的多个集线器还是工作在同一个环境下,所以堆叠的层数也不能太多。然而,市面上许多集线器以其堆叠层数比其他品牌的多而作为卖点,如果遇到这种情况,要区别对待:一方面可堆叠层数越多,一般说明集线器的稳定性越高;另一方面可堆叠层数越多,每个用户实际可享有的带宽则越小。

(2) 级　联

级联是在网络中增加用户数的另一种方法,但是此项功能的使用一般是有条件的,即 hub 必须提供可级联的端口,此端口上常标为 Uplink 或 MDI 的字样,用此端口与其他的 hub 进行级联。如果没有提供专门的端口而必须要进行级联时,连接两个集线器的双绞线在制作时必须要进行错线。

3. 以是否提供网管功能为标准

早期的 hub 属于一种低端的产品,且不可管理。近年来,随着技术的发展,部分集线器在技术上引进了交换机的功能,可通过增加网管模块实现对集线器的简单管理(SNMP),以方便使用。但需要指出的是,尽管同是对 SNMP 提供支持,不同厂商的模块是不能混用的,同一厂商的不同产品的模块也不同。目前提供 SNMP 功能的 hub 其售价较高,如 D - Link 公司的

DEl824 非智能型 24 口 10 Base - T 的售价比加装网管模块后的 DEl8241 要便宜 1 000 元左右。

4. 以外形尺寸为参考

如果网络系统比较简单,没有楼宇之间的综合布线,而且网络内的用户比较少,如一个家庭、一个或几个相邻的办公室,则没有必要再考虑 hub 的外形尺寸。但有时并非如此,例如为了便于对多个 hub 进行集中管理,在购买 hub 之前已经购置了机柜,这时在选购 hub 时必须要考虑它的外形尺寸,否则 hub 无法安装在机架上。现在市面上的机柜在设计时一般都遵循 19 in(英寸)的工业规范,它可安装大部分的 5 口、8 口、16 口和 24 口的 hub。不过,为了防止意外,在选购时一定注意它是否符合 19 in 工作规范,以便在机柜中安全、集中地进行管理。

5. 适当考虑品牌和价格

目前市面上的 hub 主要由美国品牌和中国台湾品牌生产,近年来大陆几家公司也相继推出了集线器产品。其中高档 hub 主要还是由美国品牌占领,如 3COM,Intel,Bay 等,它们在设计上比较独特,一般几个甚至是每个端口配置一个处理器,当然,价格也较高。中国台湾地区的 D - Link 和 Accton 占据中低端 hub 的主要市场份额,大陆的联想、实达、TPLink 等公司分别以雄厚的实力向市场上推出了自己的产品。这些中低档产品均采用单处理器技术,其外围电路的设计思想大同小异,实现这些思想的焊接工艺手段也基本相同,价格相差不多,大陆产品相对略便宜些,正日益占据更大的市场份额。近来,随着交换机产品价格的日益下降,集线器市场也日益萎缩,不过,在特定的场合,集线器以其低延迟的特点可以用更低的投入带来更高的效率。交换机不可能完全代替集线器。

2.4　交换机

2.4.1　交换的概念和原理

交换(switching)是按照通信两端传输信息的要求,用人工或设备自动完成的方法,把要传输的信息送到符合要求的相应路由上的技术统称。广义的交换机(switch)就是一种在通信系统中完成信息交换功能的设备,如图 2 - 14。

图 2 - 14　交换机

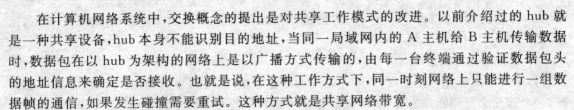

在计算机网络系统中,交换概念的提出是对共享工作模式的改进。以前介绍过的 hub 就是一种共享设备,hub 本身不能识别目的地址,当同一局域网内的 A 主机给 B 主机传输数据时,数据包在以 hub 为架构的网络上是以广播方式传输的,由每一台终端通过验证数据包头的地址信息来确定是否接收。也就是说,在这种工作方式下,同一时刻网络上只能进行一组数据帧的通信,如果发生碰撞需要重试。这种方式就是共享网络带宽。

交换机拥有一条很高带宽的背部总线和内部交换矩阵。交换机的所有端口都挂接在这条背部总线上,控制电路收到数据包以后,处理端口会查找内存中的地址对照表以确定目的 MAC(网卡的硬件地址)的 NIC(网卡)挂接在哪个端口上,通过内部交换矩阵迅速将数据包传送到目的端口,目的 MAC 若不存在才广播到所有的端口,接收端口回应后交换机会"学习"新的地址,并把它添加入内部 MAC 地址表中。

使用交换机也可以把网络"分段",通过对照 MAC 地址表,交换机只允许必要的网络流量通过交换机。通过交换机的过滤和转发,可以有效地隔离广播风暴,减少误包和错包的出现,避免共享冲突。

交换机在同一时刻可进行多个端口之间的数据传输。每一个端口都可视为独立的网段,连接在其上的网络设备独自享有全部的带宽,无须同其他设备竞争使用。当结点 A 向结点 D 发送数据时,结点 B 可同时向结点 C 发送数据,而且这两个传输过程都享有网络的全部带宽,都有着自己的虚拟连接。假使这里使用的是 10 Mbit/s 的以太网交换机,那么该交换机此时的总流通量就等于 2×10 Mbit/s$=20$ Mbit/s,而使用 10 Mbit/s 的共享式 hub 时,一个 hub 的总流通量也不会超出 10 Mbit/s。

总之,交换机是一种基于 MAC 地址识别,能实现封装转发数据包功能的网络设备。交换机可以"学习"MAC 地址,并将其存放在内部地址表中,通过在数据帧的始发者和目标接收者之间建立临时的交换路径,使数据帧直接由源地址到达目的地址。

2.4.2　交换机的分类及功能

从广义上来看,交换机分为两种:广域网交换机和局域网交换机。广域网交换机主要应用于电信领域,用于提供通信用的基础平台。而局域网交换机则应用于局域网络,用于连接终端设备,如 PC 及网络打印机等。从传输介质和传输速度上可分为以太网交换机、快速以太网交换机、千兆以太网交换机、FDDI 交换机、ATM 交换机和令牌环交换机等。从规模应用上又可分为企业级交换机、部门级交换机和工作组交换机等。各厂商划分的尺度并不是完全一致的,一般来讲,企业级交换机都是机架式的,部门级交换机可以是机架式(插槽数较少),也可以是固定配置式,而工作组级交换机为固定配置式(功能较为简单)。另外,从应用的规模来看,作为骨干交换机时,支持 500 个信息点以上,大型企业应用的交换机为企业级交换机,支持 300 个信息点以下,中型企业的交换机为部门级交换机,而支持 100 个信息点以内的交换机为工作组交换机。本文所介绍的交换机指的是局域网交换机。

交换机的主要功能包括物理编址、网络拓扑结构、错误校验、帧序列以及流控。目前交换机还具备了一些新的功能,如对 VLAN(虚拟局域网)和链路汇聚的支持,甚至有的还具有防火墙的功能。

交换机除了能够连接同种类型的网络之外,还可以在不同类型的网络(如以太网和快速以太网)之间起到互连作用。如今许多交换机都能够提供支持快速以太网或 FDDI 等的高速连接端口,用于连接网络中的其他交换机或者为带宽占用量大的关键服务器提供附加带宽。

一般来说,交换机的每个端口都用来连接一个独立的网段,但是有时为了提供更快的接入速度,可以把一些重要的网络计算机直接连接到交换机的端口上。这样,网络的关键服务器和重要用户就拥有更快的接入速度,支持更大的信息流量。

2.4.3　交换机的交换方式

交换机通过以下 3 种方式进行交换。

1. 直通式

直通方式的以太网交换机可以理解为在各端口间纵横交叉的线路矩阵电话交换机。它在输入端口检测到一个数据包时,检查该包的包头,获取包的目的地址,启动内部的动态查找表转换成相应的输出端口送出包,在输入与输出交叉处接通,把数据包直通到相应的端口,实现交换功能。由于不需要存储,因此它的优点是延迟非常小、交换非常快。它的缺点是:因为数据包内容并没有被以太网交换机保存下来,所以无法检查所传送的数据包是否有误,不能提供错误检测能力;由于没有缓存,不能将具有不同速率的输入/输出端口直接接通,而且容易丢包。

2. 存储转发

存储转发方式是计算机网络领域应用最为广泛的方式。它把输入端口的数据包先存储起来,然后进行 CRC(循环冗余码校验)检查,在对错误包进行处理后才取出数据包的目的地址,通过查找表转换成输出端口送出数据包。正因如此,存储转发方式在数据处理时延迟大,但是它可以对进入交换机的数据包进行错误检测,有效地改善网络性能。尤其重要的是,它可以支持不同速度端口间的转换,保持高速端口与低速端口间的协同工作。

3. 碎片隔离

这是介于前两者之间的一种解决方案。它检查数据包的长度是否为 64 B,如果小于64 B,说明是假包,则丢弃该包;如果大于 64 B,则发送该包。这种方式也不提供数据校验。它的数据处理速度比存储转发方式快,但比直通式慢。

2.4.4　交换机的应用

作为局域网的主要连接设备,以太网交换机成为应用普及最快的网络设备之一。随着交换技术的不断发展,以太网交换机的价格急剧下降,交换到桌面已是大势所趋。

如果以太网络上拥有大量的用户、繁忙的应用程序和各式各样的服务器,而且用户还未对网络结构做出任何调整,那么整个网络的性能可能会非常低。解决方法之一是在以太网上添加一个 10/100 Mbit/s 的交换机,它不仅可以处理 10 Mbit/s 的常规以太网数据流,而且还可以支持 100 Mbit/s 的快速以太网连接。

当网络的利用率超过 40%,并且碰撞率大于 10% 时,交换机可以解决这些问题。带有 100 Mbit/s 快速以太网和 10 Mbit/s 以太网端口的交换机可以全双工方式运行,可以建立起专用的 20～200 Mbit/s 连接。

不仅不同网络环境下交换机的作用各不相同,在同一网络环境下添加新的交换机和增加现有交换机的交换端口对网络的影响也不尽相同。充分了解和掌握网络的流量模式是能否发挥交换机作用的一个非常重要的因素。因为使用交换机的目的就是尽可能地减少和过滤网络中的数据流量,所以如果网络中的某台交换机由于安装位置设置不当,几乎需要转发接收到的所有数据包时,交换机就无法发挥其优化网络性能的作用,反而降低了数据的传输速度,加大了网络延迟。

除安装位置之外,如果在那些负载较小,信息量较低的网络中也盲目添加交换机,同样也可能起到负面影响。受数据包的处理时间、交换机的缓冲区大小以及需要重新生成新数据包等因素的影响,在这种情况下使用简单的 hub 要比交换机更为理想。因此,不能一概认为交换机就比 hub 有优势,尤其当用户的网络并不拥挤,尚有很大的可利用空间时,使用 hub 更能够充分利用网络的现有资源。

2.5　路由器

2.5.1　路由的概念

路由是把数据从一个地方传送到另一个地方的行为和动作,而路由器(见图 2-15)正是执行这种行为动作的机器,它的英文名称为 router。

路由器主要有以下几种功能:第一,网络互联,路由器支持各种局域网和广域网接口,主要用于互联局域网和广域网,实现不同网络互相通信的功能;第二,数据处理,提供分组过滤、分组转发、优先级、复用、加密、压缩和防火墙等功能;第三,网络管理,路由器提供包括配置管理、性能管理、容错管理和流量控制等功能。

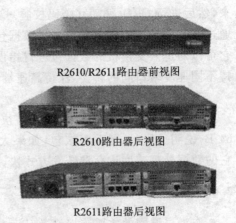

R2610/R2611路由器前视图

R2610路由器后视图

R2611路由器后视图

图 2-15　路由器

2.5.2　路由器的性能和特点

路由器是一种连接多个网络或网段的网络设备，它是在网络层的互连设备，能对不同网络或网段之间的数据信息进行"翻译"，以使它们能够相互"读"懂对方的数据，从而构成一个更大的网络。路由器需要一系列路由协议来达到彼此之间的相互"理解"，如 RIP 协议、OSPF 协议、EIGRP 协议、IPv6 协议等。

路由器具有判断网络地址和路由选择的功能，它能在多网络互连环境中建立灵活的连接，可用完全不同的数据分组和介质访问方法连接各子网。路由器只接受源站或其他路由器的信息，属于网络层的一种互连设备。它不关心各子网使用的硬件设备，但要求运行与网络层协议相一致的软件。

在局域网接入广域网的众多方式中，通过路由器接入互联网是最为普遍的方式。使用路由器接入互联网的最大优点是：各互联子网仍保持各自独立，每个子网可以采用不同的拓扑结构、传输介质和网络协议，网络结构层次分明，还有的路由器具有 VLAN 管理功能，互联网上完全屏蔽公司、企业、银行等内部网，起到防火墙的作用，确保内部网络的安全。

路由器用于连接多个逻辑上分开的网络，所谓逻辑网络是指一个单独的网络或者一个子网。数据从一个子网传输到另一个子网可以通过路由器来完成。

路由器的主要工作就是为经过路由器的每个数据帧寻找一条最佳传输路径，并将该数据有效地传送到目的站点。由此可见，选择最佳路径的策略即路由算法是路由器的关键所在。为了完成这项工作，在路由器中保存着各种传输路径的相关数据——路由表（routing table），供路由选择时使用。路由表中保存着子网的标志信息、网上路由器的个数和下一个路由器的名字等内容。路由表可以是由系统管理员固定设置好的，也可以由系统动态修改，可以由路由器自动调整，也可以由主机控制。在路由器中涉及两个有关地址的名字概念，即静态路由表和动态路由表。

静态路由表是由系统管理员事先设置好而固定的路由表，它是在系统安装时就根据网络的配置情况预先设定的，它不会随未来网络结构的改变而改变。而动态路由表是路由器根据网络系统的运行情况而自动调整的路由表。路由器根据路由选择协议提供的功能，自动学习和记忆网络运行情况，在需要时自动计算数据传输的最佳路径。

2.5.3　路由器的分类及特点

随着技术的发展，出现了各式各样的路由器设备，使生产路由器设备的厂商也得到了空前的发展，但中、高档路由器只有少数几个大的厂商生产。按照路由器在网络中所处位置及作用的不同，可以对其进行简单的分类。

1. 接入路由器

接入路由器用于连接家庭用户或 ISP 内的小型企业客户。除提供 SLIP 或 PPP 连接外，还支持诸如 PPTP 和 IPSec 等虚拟私有网络协议。但这些协议要能在每个端口上运行,诸如 ADSL 等技术将很快提高各家庭用户的可用带宽,这将进一步增加接入路由器的负担。鉴于这些趋势,接入路由器将来会支持许多异构和高速端口,并在各个端口上能够运行多种协议,同时还要避开电话交换网。

2. 企业级路由器

企业或校园级路由器用于连接许多终端系统,其主要目标是以尽量简单的方法实现尽可能多的端点互连,并且进一步要求支持不同的服务质量。许多现有的企业网络都是由 hub 或网桥连接起来的以太网段。尽管这些设备价格便宜、易于安装、无须配置,但是它们不支持服务等级。相反,有路由器参与的网络能够将机器分成多个碰撞域,并因此能够控制一个网络的大小。此外,路由器还支持一定的服务等级,至少允许分成多个优先级别。但是路由器的每个端口造价要较高,并且在使用之前要进行大量的配置工作。因此,企业级路由器的成败就在于其是否提供大量端口且每个端口的造价是否很低,是否容易配置,是否支持服务质量(QoS)。另外企业级路由器还要有效地支持广播和组播。企业网络需要处理历史遗留的各种 LAN 技术,支持多种协议,包括 IP、IPX 和 Vine。它们还要支持防火墙、包过滤以及大量的管理和安全策略以及 VLAN。

3. 骨干级路由器

骨干级路由器用于实现企业级网络的互联。对它的要求是速度和可靠性,而代价则处于次要地位。硬件可靠性可以采用电话交换网中使用的技术,如热备份、双电源、双数据通路等来获得。这些技术对所有骨干路由器而言都几乎是标准的。骨干 IP 路由器的主要性能瓶颈是在转发表中查找某个路由所耗的时间。当收到一个包时,输入端口在转发表中查找该包的目的地址以确定其目的端口,当包越短或者当包要发往许多目的端口时,势必增加路由查找的代价。因此,将一些常访问的目的端口放到缓存中能够提高路由查找的效率。不管是输入缓冲路由器还是输出缓冲路由器,都存在路由查找的瓶颈问题。除了性能瓶颈问题,路由器的稳定性也是一个常被忽视的问题。

4. 太比特路由器

在未来核心互联网使用的 3 种主要技术中,光纤技术和 DWDM 技术都已出现,且已经是很成熟的。如果没有与现有的光纤技术和 DWDM 技术提供的原始带宽对应的路由器,新的网络基础设施将无法从根本上得到性能的改善,因此开发高性能的骨干交换路由器(太比特路由器)已经成为一项迫切的要求。太比特路由器技术现在还主要处于开发实验阶段。

2.5.4 路由器的选择

由于路由器的价格昂贵,且配置复杂,所以绝大多数用户对路由器的选购显得无所适从,在此就路由器的选购做简单的介绍。路由器的选购主要考虑以下几个方面。

1. 管理方式

路由器最基本的管理方式是利用终端(如 Windows 系统所提供的超级终端)通过专用配置线连接到路由器的 console 端口直接进行配置。新购买的路由器配置文件为空,一般使用这种方式对路由器进行基本的配置。但仅仅通过这种配置方法还不能对路由器进行全面的配置,以实现路由器的管理功能,只有在基本的配置完成后进行有针对性的配置,才能更加全面地实现路由器的网络管理。若经常需要改变路由器的设置而路由器并不在附近,无法连接专用配置线,这时就需要路由器提供远程 Telnet 程序进行远程访问配置,或者用 modem 拨号进行远程登录配置,还可以通过 Web 的方式实现路由器的远程配置。目前一般的路由器都可能具有某种或几种远程配置管理方式。

2. 所支持的路由协议

因为路由器连接的网络可能是类型根本不同的网络,这些网络所支持的网络通信、路由协议也可能不一样,这对于在网络之间起到连接桥梁作用的路由器来说,如果不支持某一方的协议,则无法实现它在网络之间的路由功能。因此在选购路由器时要注意所选的路由器支持哪些网络路由协议,特别是在广域网中的路由器,因为广域网路由协议非常多,网络也相当复杂。但是对于局域网之间的路由器来说就相对简单,因此选购路由器时要考虑企业目前及将来的实际需求,以决定所选路由器要支持何种协议。

3. 安全性

现在网络安全越来越受到用户的重视,无论是个人还是单位用户,而路由器作为连接内部网与外界的设备,能否提供高要求的安全保障就显得极为重要了。目前许多厂家的路由器可以设置访问权限列表,达到控制可以进出路由器的数据种类,实现防火墙的功能,防止非法用户的入侵。路由器还具备 NAT(网络地址转换)转换功能,该功能能够屏蔽公司内部局域网的网络地址,利用地址转换功能统一转换成电信局提供的广域网地址,这样网络上的外部用户就无法了解到公司内部网的网络地址,从而进一步防止非法用户的入侵。另外还应该考虑丢包率。丢包率就是在一定的数据流量下路由器不能正确进行数据转发的数据包在总的数据包中所占的比例,丢包率的大小会影响到路由器线路的实际工作速度,严重时甚至会使线路中断,对小流量的网络来说,出现丢包的现象也很少,因此在小型网络中不必考虑太多。

4. 背板能力

背板能力是指路由器背板容量或者总线带宽能力,这个性能对保证整个网络之间的连接速率是非常重要的,如果所连接的两个网络速率都较高,而由于路由器的带宽限制,整个网络的通信速率要受到路由器带宽瓶颈的限制。如果连接两个较大的网络,网络流量较大时应格外注意路由器的背板容量,但是在小型网络之间这个参数不用特别在意,因为路由器在这方面能满足其带宽要求。

5. 吞吐量

路由器的吞吐量是指路由器对数据包的转发能力。如较高档的路由器可以对较大的数据包进行正确转发;而较低档的路由器则只能转发小的数据包,对于较大的数据包,需要拆分成许多小的数据包来分开转发,这种路由器的数据包转发能力就很差,其实这与上面所讲的背板容量有非常密切的关系。

6. 转发时延

转发时延是指从路由器需转发的数据包最后一位进入路由器端口到该数据包第一位出现在端口链路上的时间间隔,这与上面的背板容量、吞吐量参数也是密切相关的。

7. 路由表容量

路由表容量是指路由器运行中可以容纳的路由数量,越高档的路由器,其路由表容量越大,因为它可能要面对非常庞大的网络。这一参数与路由器自身所带的缓存大小有关,普通路由器可不必考虑这一参数,一般都能满足网络需求。

8. 可靠性

可靠性是指路由器可用性、无故障工作时间和故障恢复时间等指标,新买的路由器暂时无法验证。可以选购较大品牌的产品以保证其质量。

9. 品　牌

路由器质量的好坏影响着网络连接的关键性能,尤其是在对网络互联的可靠性要求较高的网络中,一定要选择整体性能较好的路由器。目前各大网络硬件生产厂家一般都生产路由器。国外的如 Cisco,Avaya,3COM 等,中国台湾地区的如 D – Link,Accton 等,大陆的如联想,实达等。

中小型局域网用户可选择中国台湾地区和大陆的中低档路由器,而对于大中型的公司网、企业网、校园网等则最好选择一些国际上知名度较高的路由器,如 Cisco 系列。

2.6　其他设备

2.6.1　网　桥

1. 网桥的概念和工作原理

网桥在数据链路层工作,将两个 LAN 连起来,根据 MAC 地址(物理地址)来转发帧,可以看作一个“低层的路由器”(路由器工作在网络层,根据网络地址如 IP 地址进行转发)。它可以有效地连接两个 LAN,使本地通信限制在本网段内,并转发相应的信号至另一网段,网桥通常用于连接数量不多的、同一类型的网段。

2. 网桥的分类

网桥通常有透明网桥和源路由选择网桥两大类。

(1)透明网桥

简单地讲,使用这种网桥,不需要改动硬件和软件,无须设置地址开关,无须装入路由表或参数。只需插入电缆即可,现有 LAN 的运行完全不受网桥的影响。

（2）源路由选择网桥

源路由选择的核心思想是假定每个帧的发送者都知道接收者是否在同一 LAN 上。当发送一帧到另外的网段时,源机器将目的地址的高位设置成 1 作为标记。另外,它还在帧头加进此帧应走的实际路径。

2.6.2　网　关

1. 网关的概念

网关（gateway）又称网间连接器、协议转换器。网关在传输层上以实现网络互联,是最复杂的网络互连设备,仅用于两个高层协议不同的网络互联。网关的结构也和路由器类似,不同的是互连层。网关既可以用于广域网互联,也可以用于局域网互联。网关曾经是很容易理解的概念。在早期的因特网中,术语网关即指路由器。路由器是网络中超越本地网络的标记,用于计算路由并把分组数据转发到源始网络之外,因此,它被认为是通向因特网的大门。随着时间的推移,路由器不再神奇,公共的基于 IP 的广域网的出现和成熟促进了路由器的成长。现在路由功能也能由主机和交换集线器来行使,网关也不再是神秘的概念。现在,路由器变成了多功能的网络设备,它能将局域网分割成若干网段、互联私有广域网中相关的局域网以及将各广域网互联而形成了因特网,这样路由器就失去了原有的网关概念。然而术语网关仍然沿用了下来,并不断地被应用于多种不同的功能中。

2. 网关的分类

目前,主要分有以下 3 种网关。

（1）协议网关

协议网关通常在使用不同协议的网络区域间做协议转换。这一转换过程可以发生在 OSI 参考模型的第二层、第三层或第二、第三层之间。

（2）应用网关

应用网关是在使用不同数据格式间翻译数据的系统。典型的应用网关接收一种格式的输入,将之翻译,然后再以新的格式发送。输入和输出接口可以是分立的,也可以使用同一网络连接。

一种应用可以有多种应用网关。如 E-mail 可以以多种格式实现,提供 E-mail 的服务器可能需要与各种格式的邮件服务器交互,实现此功能唯一的方法是支持多个网关接口。

应用网关也可以用于将局域网客户机与外部数据源相连,这种网关为本地主机提供了与远程交互式应用的连接。将应用的逻辑和执行代码置于局域网中的客户端避免了低带宽、高延迟的广域网的缺点,这就使得客户端的响应时间更短。应用网关将请求发送给相应的计算机,获取数据,如果需要就把数据格式转换成客户机所要求的格式。

（3）安全网关

安全网关是各种技术有趣的融合，具有重要且独特的保护作用，其范围从协议级过滤到十分复杂的应用级过滤。

2.7 课程设计1：网线制作及两台计算机的互连

2.7.1 实验要求

通过本实验，使学生掌握利用非屏蔽双绞线（UTP）制作 PC—PC（T568B/T568A）交叉线、PC—hub（T568B/T568B）标准线的方法，并利用所制作的 PC—PC 交叉线连接两台计算机，查看对方计算机上的共享文件夹，实现两台计算机之间的资源共享。

2.7.2 实验设备

超5类 UTP 一段，RJ-45 连接器，压线钳，网线测试仪，网卡

2.7.3 实验过程

① 两个学生一组；

② 一个学生采用标准线接线法（T568B）：hub—PC 的接线方式（双绞线的两头均采用 T568B 的连接方式，如图 2-16 所示）。

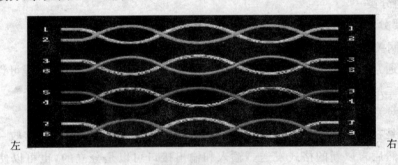

图 2-16 标准线接线法

③ 另一学生采用交叉线接线法（T568B/T568A 混接）：hub—hub 或 PC—PC 的接线方式（双绞线的一头采用 T568B 接法，另一头采用 T568A 接法，如图 2-17 所示）。

④ 掌握网线直连（T568B/T568B）与交叉接线（T568A/T568B）的区别和制作方法。T568A/T568B 接口如图 2-18 所示。

⑤ 利用所制作的 PC—PC 交叉线连接两台计算机，通过网上邻居查看对方计算机上的共享文件夹。

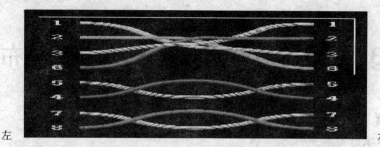

左　　　　　　　　　　　　　　　右

图 2-17 交叉线接线法

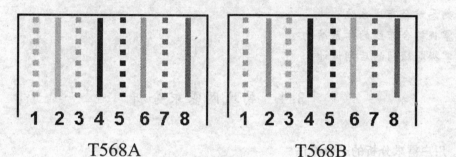

T568A　　　　　　　　　T568B

图 2-18 T568A/T568B 接口

习　题

1. 填空题

(1) 网桥属于 OSI 参考模型的第＿＿＿＿层。

(2) 第三层交换机工作在 OSI 参考模型七层中的＿＿＿＿层。

(3) RJ-45 端口可分为 10 Base-T 网 RJ-45 端口和＿＿＿＿＿RJ-45 端口两类。

(4) EIA/TIA 568A 标准认可两种类型的光纤连接器，即＿＿＿＿和＿＿＿＿
连接器。

(5) 路由器的配置端口有两个，分别是＿＿＿＿和 AUX 端口。

2. 问答题

(1) 交换机的主要作用是什么？

(2) 简述交换机和集线器的区别。

(3) 有哪些网际互连设备，它们分别工作于 OSI 参考模型的哪个层？

(4) 试述网桥和路由器的工作原理。

(5) 网桥有哪些种类？路由器有哪些种类？

第 3 章 局域网组建分析与综合布线

【本章要点】

➤ 能进行局域网需求分析
➤ 了解局域网网络组建方案
➤ 熟悉综合布线系统
➤ 掌握综合布线的体系结构
➤ 掌握局域网的后期设计

3.1 局域网需求分析

3.1.1 用户需求分析的一般方法

1. 用户需求分析的任务

对任何一项工程而言,需求分析总是首要的。在为一个中小企业或者是学校设计一套局域网方案时,首先要弄清楚客户的具体需求,这对方案的设计和设备的选择起着决定性的作用。在用户邀请咨询组对本单位进行组建网络时,需要解决下列问题。

(1) 对象分析

对需要组建的网络进行全面的分析,明确如何来完成该工程的设计和制造,这是需求分析中最基本的一条。

(2) 局域网系统的总体分析

根据工程的设计和制造的需要,初步确定系统硬件和软件应具备的功能和数量,以此确定系统的规模和局域网拓扑结构。

(3) 确定该工程的总目标和阶段目标

一个中、大型局域网往往需要较强的技术力量和较大的投资。所以,一般都是分阶段逐步完善,最后实现远景总目标,即大致确定分几个阶段和每一个阶段的目标。

(4) 硬件和软件的选择

能实现同样功能的硬件和软件可能有很多,但到底要选择哪家公司的硬件和软件最为合适,这也需要充分的论证。

2. 用户需求分析的步骤

需求分析任务书是需求分析的依据。对用户来讲,需求分析任务书就是对多家开发商进行挑选,最终确定一家开发商,签订开发协议后,进行提供具体需求、明确需求的过程,即明确告诉开发商要组建一个什么功能的局域网系统。下面系统地介绍一下用户需求分析的过程。

① 联系、接触和了解用户方。与用户进行联系并取得对方的人员名单、分工情况、权重、工作计划、工作时间及节假日安排等。

② 编写需求分析计划书。根据当前情况,编写需求分析计划书,明确正式开始日期、中间阶段性日期、结束时间、人员名单、分工情况和需要用户提供的帮助等。将计划提交用户确认,在可能的情况下协调用户和开发商的计划,以便共同开展工作。

③ 调研。根据要求调研过程中的进展情况,将需求调研过程分为 3 个阶段:调研前准备、调研活动管理和调研结束。每个阶段都需要遵循一定的工作流程和注意一些问题。

④ 完成需求确认。对于需求最终的确认,需要先由系统开发人员对编写的文档进行内部审核及修订,特别是文字问题。需求确认应真实表达,双方都应明确初步的需求开发工作。

3.1.2 应用概要分析

根据需求的输入,进行第一层次的分析。区分应用分类的特点,明确应用的需求项目在这一过程中需要分析以下内容。

① 带宽、服务需求。

② 数据吞吐量:存储方案。

③ 网络架构及布局:拓扑结构、容错、负载分配。

④ Internet/Intranet 网络公共服务:数据库服务、网络基础服务和信息安全平台、网络应用系统。通过应用类型的简要归纳,得出具体应用需求。

以组建校园网为例,要组建一个校园网络,首先要明确校园网络的一些特点。

① 网络负荷大,应用复杂。

② 用户数量较大。

③ 网络利用率高。

④ Internet 访问频繁,网络安全地位重要。

⑤ 资金问题。

其次,还要清楚它的应用需求。

① Internet 公共服务。

② 计算机教学。包括多媒体教学课件、远程教学系统、各种与教学相关的信息系统等。

③ 图书馆系统。

④ 办公自动化系统(OAS)。

3.1.3 详细需求分析

详细需求分析是局域网需求分析的一部分,它的内容包括以下几个方面。

1．网络费用分析

组建局域网络,其本身的费用包括以下几项。

① 网络设备硬件。

② 服务器及客户机设备硬件:服务器群、海量存储设备、网络打印机和客户机等。

③ 网络基础设施:UPS电源、机房装修与综合布线器材等。

④ 软件:网管、OS、数据库、应用系统、安全及定制软件等。

⑤ 远程通信线路或电信租用线路费用。

⑥ 系统集成费用:项目设计、方案和施工等。

⑦ 培训费和网络维护费。

用户都想在经济方面节约,从而获得投资者和单位上级的好评。作为系统集成商,主要利润的系统集成费是一种附加值(一般为外购软硬件的 9%～15%)。而品质与费用总是成正比,因此投资规模会影响网络设计、施工和服务水平。

降价是否以网络性能、工程质量和服务为代价呢?事实上,每个网络方案都是在网络性能与用户方所能承受的费用之间进行折衷的产物。只有知道用户对网络投入的底细,才能据此确定网络硬件设备和系统集成服务的"档次",产生与此相配的网络设计方案。随着技术的进步,网络硬件设备性能越来越好,价格却逐步走低。工期越长,集成商承担的价格压力就越大。

2．网络总体需求分析

运用应用概要分析和费用估算的结果,结合应用类型以及业务密集度的分析,估算出网络数据负载、信息包流量及流向、网络带宽、信息流特征、拓扑结构分析、网络技术分析选择等因素,从而确定网络总体需求框架。

① 网络数据负载分析。根据当前的应用类型,网络数据主要有 3 种级别,介绍如下。

● MIS/OA/Web 类应用。交换频繁,负载很小。

● FTP 文件传输/CAD/位图图档传输。数据发生不多且负载较大,但无同步要求,容许数据延迟。

● 流式文件。如 RM/RAM/会议电视/VOD 等,数据随即发生且负载巨大,而且需要图像声音同步。

数据负载以及这些数据在网络中的传输范围决定着用户要选择多高的网络带宽,选择什么样的传输介质。

② 信息包流量及流向分析。其主要目的是为应用"定界",即为网络服务器指定地点。分布式存储和协同式网络信息处理是计算机网络的优势之一。把服务器群集中放置在网管中心有时并不是明智的做法,明显的缺点有:信息包过分集中在网管中心子网以及为数不多的网卡上,会形成拥塞;若网管中心发生意外,将导致数据损失惨重,不利于容灾。但是服务器系统过于分散也会对管理带来麻烦,且使网络环境复杂化。

通过分析信息包的流向,可以为服务器定位提供重要的依据。例如,对于财务系统服务器来说,信息流主要在财务部,少量流向企业管理子网,因此可以考虑放在财务部。

③ 信息流特征分析。主要考虑以下因素。

● 信息流实时性。

● 信息最大响应时间和延迟时间的要求。

● 信息流的批量特性。

● 信息流交互特性:信息检索/录入不同。

● 信息流的时段性。

④ 拓扑结构分析。可从网络规模、可用性要求、地理分布和房屋结构诸因素考虑来分析。例如,建筑物较多,建筑物内点数过多,交换机端口密度不足,就需要增加交换机的个数和连接方式。网络可用性要求高,不允许网络有停顿,需采用双星结构。地理上有空隙的网络要采用特殊拓扑结构。如单位分为两处以上,业务必须一体化,需考虑特殊连接方式的拓扑结构。

⑤ 网络技术分析选择。尽量选择当前主流的网络技术,如千兆以太网、快速/交换式以太网等技术。一些特别的实时应用(如工业控制、数据采样、音频和视频流)需要采用面向连接的网络技术。面向连接的网络技术能够保证数据实时传输。传统技术如 IBM token bus,现代技术如 ATM 等都可较好实现面向连接的网络。

3. 综合布线需求分析

布线需求分析主要包括以下几方面。

① 根据造价、建筑物距离和带宽要求确定线缆的类型和光缆的芯数。6 类和超 5 类线较贵,5 类线价格稍低。单模光缆传输质量高、距离远,但模块价格昂贵;光缆芯数与价格成正比。

② 布线路由分析。根据调研中得到的建筑群间距离、马路隔离情况、电线杆、地沟和道路状况对建筑群间光缆布线方式进行分析。为光缆采用架空、直埋还是地下管道的方式铺设找到直接依据。

③ 对各建筑物的规模信息点数和层数进行统计。用以确定室内布线方式和管理间的位置。建筑物楼层较高、规模较大、点数较多时宜采用分布式布线。

4. 网络可用性/可靠性需求分析

采用磁盘双工和磁盘阵列、双机容错、异地容灾和备份减灾措施等,还可采用能力更强的大中小型 UNIX 主机(如 IBM,SUN 和 SGI)。

5. 网络安全性需求分析

安全需求分析具体表现在以下几个方面。

① 分析存在弱点漏洞与不当的系统配置。

② 分析网络系统阻止外部攻击行为和防止内部职工的违规操作行为的策略。

③ 划定网络安全边界,使企业网络系统和外界的网络系统可以安全隔离。

④ 确保租用电路和无线链路的通信安全。

⑤ 分析如何监控企业的敏感信息,包括技术专利等信息。

⑥ 分析工作桌面系统安全。安全不单纯是技术问题,而是策略、技术与管理的有机结合。

6. 分析结果的交付

需求分析完成后,应产生明确的《需求分析报告》文档交付,并与用户交互修改,最终应该经过由用户方组织的评审,评审过后,根据评审意见,形成的最终版本不再更改。之后的需求,按需求变更实施。

3.2　网络组建方案

3.2.1　网络总体目标和设计原则

1. 网络总体目标

① 明确采用的网络技术,标准,满足哪些应用,规模目标。

② 如果分期实施,明确分期工程的目标、建设内容、所需工程费用、时间和进度计划等。

③ 不同的网络设计,其目标也大相径庭。除应用外,主要限制因素是投资规模。不仅要考虑实施成本,还要考虑运行成本,有了投资规模,在选择技术时就会有的放矢。

2. 总体设计原则

① 高可用性/可靠性原则。对于像电信、电力、证券、金融、铁路及民航等行业的网络系统应确保 MTBF 和 MTBF,高可用性和系统可靠性应充分考虑。

② 安全性原则。在企业网、政府行政办公网、国防军工部门内部网、电子商务网站以及 VPN 等网络方案设计中应重点体现安全性原则,确保网络系统和数据的安全运行。在社区网、城域网和校园网中,安全性的考虑相对较弱。

③ 实用性原则。"够用"和"实用"原则。

④ 开放性原则。网络系统应采用开放的标准和技术,如 TCP/IP、IEEE 802 系列标准等。其目的在于:第一,有利于未来网络系统扩充;第二,有利于在需要时与外部网络互通。

⑤ 先进性原则。尽可能采用先进而成熟的技术,在一段时期内保证其主流地位。

⑥ 慎用太新的技术。一是不成熟,二是标准还不完备、不统一,三是价格高,四是技术支持力量接济不上。

⑦ 易用性原则。可管理,满足应用的同时,为升级奠定基础;应具有很高的资源利用率。

⑧ 可扩展性原则。目前网络产品标准化程度较高,因此可扩展性要求基本不成问题。冗余适可而止。

3.2.2　网络总体规划和拓扑设计

网络总体规划和拓扑设计应该考虑的主要因素如下。

① 费用。

② 采用哪种网络技术。这决定着交换设备和传输介质的种类。

③ 灵活性。重新配置的难度、信息点的增删。

④ 可靠性。抗异常事件,防止个别结点损坏而影响整个网络的正常运行。

计算机局域网一般采用星形、树形拓扑结构或其变种。网络拓扑结构与规模息息相关,小规模的星形局域网没有主干和外围网之分,规模较大的网络通常呈树状分层拓扑结构。图 3-1所示为网络分层拓扑结构。

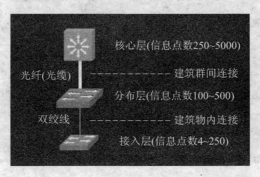

图 3-1　网络分层拓扑结构

主干网络及网络设备被划分为核心层,用以连接服务器群、建筑群到网络中心,或在一个较大型建筑物内连接多个交换机管理间到网络中心设备间。

用以连接信息点的"毛细血管"线路及网络设备被划分为接入层,根据需要在中间设置分布层。分布层和接入层又称为外围网络。

3.2.3　网络层次结构设计

主干网技术的选择,要根据需求分析中地理距离、信息流量和数据负载的轻重而定。一般而言,主干网一般用来连接建筑群和服务器群,可能会容纳网络上 $40\%\sim60\%$ 的信息流量,是网络大动脉。连接建筑群的主干网一般以光纤作为传输介质,典型的主干网技术主要有千兆以太网,10 Base-FX,ATM,FDDI 等。从易用性、先进性和可扩展性的角度考虑,目前较常采用千兆以太网。

FDDI 已基本过时,支持它的厂商越来越少。ATM 是面向连接的网络,能保证一些突发重负载在网上传输,但由于 ATM 在局域网的所有应用需要 ELAN 仿真来实现,不仅技术难度大,且带宽效率低,已证明不适宜用作局域网或园区网,但如果建网单位对实时传输要求极高,也可以考虑采用。

如果经费不足以采用千兆以太网,可以采用 100 Base-FX,即用光纤传输介质安装快速以太网。端口价格低,对光缆的要求也不高。是一种非常经济实惠的选择。

双星结构和单星结构：主干网的焦点是核心交换机（或路由器）。如果考虑提供较高的可用性，而且经费允许，主干网可采用双星（树）结构，即采用两台同样的交换机，与接入层/分布层交换机分别连接。双星（树）结构解决了单点故障失效问题，不仅抗毁性强，而且通过采用最新的链路聚合技术，可以允许每条冗余连接链路实现负载分担。但双星（树）结构会占用比单星（树）结构多一倍的传输介质和光端口，除要求增加核心交换机外，二层上连的交换机也要求有两个以上的光端口，图3-2所示为单星、双星结构。

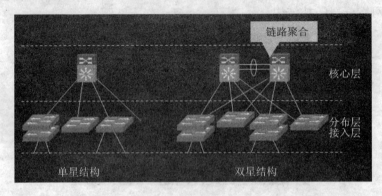

图 3-2　单星、双星结构

千兆以太网一般采用光缆作为传输介质。多种波长的单模和多模光纤分别用于不同的场合和距离。由于建筑群布线路径复杂的特殊性，一般直线距离超过 300 m 的建筑物之间的千兆以太网线路应选用单模光纤。单模光纤本身并不贵，昂贵的是光端口及组件。表3-1中列出了部分传输介质的类型、标准、传输距离及应用场合。

表 3-1　部分传输介质

标　准	传输介质	传输距离/m	应用场合
1000 Base - T	5 类 UTP	25~100	服务器、图形工作站
1000 Base - CX	150 Ω　STP	25	罕见
1000 Base - SX	62.5 μm 短波多模光纤	260	建筑物内主干
	50 μm 短波多模光纤	525	建筑物内主干
1000 Base - LX	62.5 μm 长波多模光纤	550	建筑物内或集中建筑群主干
	50 μm 长波多模光纤	550	建筑物内或集中建筑群主干
	8~10 μm 长波单模光纤	3000	园区/校园网骨干

骨干网及核心交换机热点技术的介绍如下。

① port trunking（链路聚合技术）。"拓扑环"问题由来已久，生成树（spanning tree）尽管能解决交换设备冗余连接，但无法提高链路效率。链路聚合用于在两个交换机之间，把多个以

太网链路组合起来,组成一个逻辑链路,提供多倍 100/1 000 Mbit/s 的全双工连接,并可分担负载。链路聚合不仅提高了连接带宽,且提高了链路可靠性,逻辑链路中任一物理链路失效仅降低链路带宽,不影响正常工作。

② FEC/GEC(快速以太网/千兆以太网冗余连接)。FEC/GEC 用来实现交换机和服务器之间的冗余连接和负载分担。使服务器的网络 I/O 吞吐量成倍提高,图 3-3 所示为热点技术的使用。

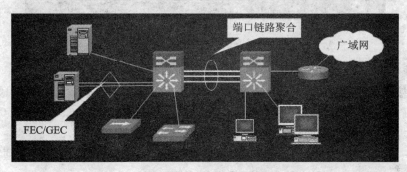

图 3-3 热点技术的使用

③ GBIC(千兆位集成电路)。千兆以太网接口一般有一个 GBIC 卡槽,可插 SX,LX/LH 或 ZX GBIC 卡,图 3-4 所示为 GBIC 卡。LX/LH GBIC 在单模光纤上传输距离不小于 10 km。 ZX GBIC 传输距离为 50~80 km。

④ HSRP(热等待路由协议)。Cisco 的一种专有技术, HSRP 提供自动路由热备份技术。在局域网上有两台以上路由器时,这个局域网上的主机只能有一个默认路由器,当这个路由器失效时,HSRP 可以使另一个路由器自动承担失效的工作。

图 3-4 GBIC 卡

接入层即直接连接信息点,使网络资源设备(PC 等)接入网络的部分。正如人们常说: "主干千兆以太网,10/100 Mbit/s 到桌面。"后半句话即对接入层的描述。

分布层的存在与否,取决于外围网采用的扩充互连方法。当建筑物内信息点较多(如 220 个),超出一台交换机所容纳的端口密度,而不得不增加交换机以扩充端口密度时,如果采用级联方式,即将一组固定端口交换机上连到一台背板带宽和性能较好的二级交换机上,再由二级交换机上连到主干;如果采用多个并行交换机堆叠方式扩充端口密度,其中一台交换机上连,则网络中就只有接入层,没有分布层,图 3-5 所示为分布层与接入层的设计。

要不要分布层,采用级联还是堆叠,要看网络信息流特点。堆叠体内能够有充足的带宽保证,适宜本地(楼宇内)信息流密集、全局信息负载相对较轻的情况;级联适用于全网信息流较平均的场合,且分布层交换机大都具有组播和初级 QoS(服务质量)管理能力,适合处理一些

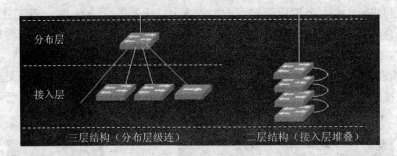

分布层

接入层

三层结构（分布层级连）   二层结构（接入层堆叠）

图 3-5　分布层与接入层的设计

突发的重负载(如 VOD 视频点播),但增加分布层的同时也会使成本提高。

分布层/接入层一般采用 100 Base - T(X)快速(交换式)以太网。采用 10/100 Mbit/s 自适应传输速率到桌面计算机。传输介质则基本上是双绞线。Cisco Catalyst 3500/4000 系列交换机就是专门针对分布层而设计的。

如果主干采用光介质传输,接入层交换机必须支持 1~2 个光端口模块,必须支持堆叠,如果主干为千兆以太网,接入层交换机还必须支持 GBE 模块。

3.2.4　网络操作系统与服务器资源设备

1. IA 架构 OS

微软公司 Windows NT/2000 操作系统支持 4 路 SMP 结构,采用图形界面,系统安装、配置管理直观、方便,且捆绑了很多协议和服务程序,如 IIS,ASP,DNS 等,可独立构成 Internet 服务平台;另外 NT 有微软丰富的包括数据库和各类软件开发工具在内的商业软件和众多的第三方软件商的软件支持,可高效率、低成本地建立起网络基础应用平台和电子商务网站。因此 NT 已成为 IA 架构服务器操作系统的一个事实上的标准,业界也通常把 IA 架构服务器称为 NT 服务器。

Windows NT/2000 操作系统对硬件尤其是内存的开销较大,系统运行效率较低,需要较高的硬件配置。另外,其系统稳定性不足,不适宜用于对可用性要求较高的、要求永不停机的关键场合;而且安全漏洞较多。

2. Linux

Linux 的特点概括来说就是价格低廉,功能强大,可靠性高。Linux 系统内核很小,系统开销低。它支持绝大多数局域网和广域网协议并捆绑了大量应用软件,尤其是 Internet 服务软件,Linux 操作系统及其应用软件大多数可以在网上免费获得,所有的 Linux 发布版(如 Red Hat Linux,Turbo Linux)捆绑了很多应用系统。但由于缺乏商业化支持,关键场合 Linux 应用并不多,但目前在构筑 Internet 服务平台方面的应用已十分普遍。比较适合经济型网络用作综合 Internet/Intranet 服务器的 OS。

3. 非 IA 架构的选择——纷繁复杂的 UNIX 家族

表 3-2 为复杂的 UNIX 家族。

表 3-2　复杂的 UNIX 家族

公　司	CPU 类型	服务器	OS
IBM	PowerPC	RS/6000	AIX
SUN	SPARC	EnterpriseServer	Solaris Ultra
HP	PA-RISC	HP-9000	HP-UX
HP-Compaq（DEC）	Alpha	Alpha Server	Tru64 UNIX
SGI	R10000	SGI Origin	SGI IRIX

UNIX 家族中各个成员的比较如下。

IBM AIX：因蓝色巨人的强大整合能力而前景光明，适用于从工作站到巨型机的各种应用。

HP-UX：非常可靠，服务口碑不错。提供了完整的解决方案。

Sun Solaris：工作站级的商用市场份额极高，OS 及各种应用软件价格较高。

SGI Irix：服务器的 I/O 吞吐能力非常出色，在高端的图形/设计应用中份额不断扩大。

选择一款好的网络操作系统很重要。在选择网络操作系统时，主要考虑的因素如下。

① 性能和兼容性；

② 安全性；

③ 价格；

④ 第三方软件支持；

⑤ 市场占有率。

中小企业在选购服务器时，要注意 3 个方面：价格与成本、产品的扩展与业务的扩展、售后服务。首先，由于中小企业对信息化的投入有限，因此需要注意的是产品价格低并不代表总拥有成本低，总拥有成本还包括后续的维护成本、升级成本等。其次，中小企业最大的特点就是业务增长迅速，它们需要产品能随着企业业务的发展而升级，一方面满足业务的需要，另一方面也保护原有的投资。最后，服务是购买任何产品都要考虑的，但中小企业尤其看重售后服务，由于自身技术水平和人力所限，当产品出现故障后，它们更加依赖厂商的售后服务。具体地说，中小企业选择服务器有如下 6 大原则。

（1）稳定可靠原则

为了保证局域网能正常运转，中小型企业选择的服务器首先要确保稳定。一个性能不稳定的服务器，即使技术再先进，也不能运行企业的应用。特别是运行企业重要业务的服务器或存放核心信息的数据库服务器，一旦出现死机或重启，就可能造成信息的丢失或者整个系统的瘫痪，甚至给企业造成难以估计的损失。

（2）合适够用原则

如果只考虑稳定可靠，就会使服务器采购走向追求性能，求高求好的误区，因此，合适够用原则是第二个要考虑的因素。对于中小企业而言，最重要的是从当前实际情况以及将来的扩展出发，有针对性地选择满足当前应用需要并适当超前，投入又不太高的解决方案。另外，对于那些现有的，已经无法满足需求的服务器，可以将它改作为其他性能要求较低的服务器，如 DNS，FTP 服务器等，或者进行适当扩充，采用集群的方式提升性能，将来再为新的网络需求购置新型服务器。

（3）扩展性原则

为减少升级服务器带来的额外开销和对业务的影响，服务器应当具有较高的可扩展性，以及时调整配置来适应企业的发展。服务器的可扩展性主要表现在几个方面，如在机架上为硬盘和电源的增加留有充分余地，在主机板上的插槽不但种类齐全，而且有一定数量，以便让企业用户可以自由地对配件进行增加，以保证运行的稳定性，同时也可提升系统配置和增加功能。

（4）易于管理原则

所谓易于操作和管理主要是指用相应的技术来简化管理以降低维护费用成本，一般通过硬件与软件两方面来实现这个目标。硬件方面，一般服务器主板机箱、控制面板以及电源等零件上都有相应的智能芯片来监测。这些芯片监控着其他硬件的运行状态并做出日志文件，发生故障时还能采取相应的处理。而软件则是通过与硬件管理芯片的协作将其人性化地提供给管理员。如通过网络管理软件，用户可以在自己的计算机上监控服务器的故障并及时处理。对于没有配备网络管理人员的中小企业，尤其要注意选择一台使用简单方便的服务器。

（5）售后服务原则

对于中小型企业来说，一般不会委派专门的工作人员维护服务器，那么选择售后服务好的厂商的产品是明智的决定。在具体选购服务器时，企业应该考察厂商是否有一套面向中小企业的完善服务体系及未来在该领域的发展计划。换言之，只有那些"实力派"厂商才能真正将用户作为其自身发展的推动力，只有它们更了解中小企业的实际情况，在产品设计、价位、服务等方面更能满足中小企业的需求。

（6）特殊需求原则

不同企业对信息资源的要求不同，有的企业在局域网服务器中存储了许多重要的业务信息，这就要求服务器能够 24 h 不间断工作，这时企业就必须选择高可用性的服务器。如果服务器中存放的信息属于企业的商业机密，那安全性就是服务器选择时的第一要素。这时要看服务器中是否安装了防火墙、入侵保护系统等，产品在硬件设计上是否采取了保护措施等。当然如果要使服务器满足企业的特殊需求，企业也需要更多的投入。

3.3　综合布线系统概述

3.3.1　综合布线概念

综合布线系统是为适应综合业务数字网（ISDN）的需求而发展起来的一种特别设计的布线方式，它为智能大厦和智能建筑群中的信息设施提供了多厂家产品兼容，模块化扩展、更新与系统灵活重组的可能性。既为用户创造了现代信息系统环境，强化了控制与管理，又为用户节约了费用，保护了投资。综合布线系统已成为现代化建筑的重要组成部分。

综合布线是一种模块化的、灵活性极高的建筑物内或建筑群之间的信息传输通道。它既能使语音、数据、图像设备和交换设备与其他信息管理系统彼此相连，也能使这些设备与外部相连接。它还包括建筑物外部网络或电信线路的连接点与应用系统设备之间的所有线缆及相关的连接部件。综合布线由不同系列和规格的部件组成，其中包括传输介质、相关连接硬件（如配线架、连接器、插座、插头和适配器）以及电气保护设备等。这些部件可用来构建各种子系统，它们都有各自的具体用途，不仅易于实施，而且能随需求的变化而平稳升级。

3.3.2　综合布线特点

布线技术是从电话预布线技术发展起来的，经历了非结构化布线系统到结构化布线系统的过程。作为智能化楼宇的基础，综合布线系统是必不可少的，它可以满足建筑物内部及建筑物之间的所有计算机、通信以及建筑物自动化系统设备的配线要求。综合布线同传统的布线相比较，有许多优越性是传统布线所无法相比的。其特点主要表现在它具有兼容性、开放性、灵活性、可靠性、先进性和经济性，而且在设计、施工和维护方面也给人们带来了许多方便。

1. 兼容性

兼容性是综合布线的首要特点。所谓兼容性是指其自身是完全独立的而与应用系统相对无关，可以用于多种系统中。由于它是一套综合式的全开放式系统，因此它可以使用相同的电缆与配线端子排，以及相同的插头与模块化插孔及适配器，可以将不同厂商设备的不同传输介质全部转换成相同的屏蔽或非屏蔽双绞线。

综合布线对语音、数据与监控设备的信号线进行统一的规划和设计，采用相同的传输媒介、信息插座、交连设备、适配器等，把这些不同信号综合到一套标准的布线中。由此可见，这种布线与传统布线相比，大为简化，可节约大量的物资、时间和空间。

在使用时，用户可不必定义某个工作区的信息插座的具体应用，只把某种终端设备（如个人计算机、电话、视频设备）插入这个信息插座，然后在管理间和设备间的交接设备上进行相应的接线操作，这个终端设备就被接入到各自的系统中了。

2. 开放性

对于传统的布线方式,只要用户选定了某种设备,也就选定了与之相适应的布线方式和传输媒体。如果更换另一设备,那么原来的布线就要全部更换。对于已经完工的建筑物,如果要改变布线十分困难,要增加很多投资。而综合布线由于采用开放式体系结构,符合许多国际上现行的标准,如计算机设备、交换机设备等;同时它也支持所有通信协议,如 ISO/IEC 8802 – 3, ISO/IEC 8802 – 5 等。

3. 灵活性

传统的布线方式是封闭的,其体系结构固定,若要迁移设备或增加设备相当困难,甚至变得不可能。综合布线采用标准的传输线缆和相关连接硬件,模块化设计。因此所有通道都通用。每条通道可支持终端、以太网工作站及令牌环网工作站。由于综合布线系统采用相同的传输介质、物理星形拓扑结构,因此所有信息通道都是通用的,信息通道可支持电话、传真、多用户终端、ATM 以及 10 Base – T 工作站。所有设备的开通及更改均不需改变布线系统,只需增减相应的网络设备以及进行必要的跳线管理即可。另外,组网也可灵活多样,甚至在同一房间可有多个用户终端、以太网工作站、令牌环网工作站并存,系统组网也可灵活多样,各部门既可独立组网又可方便地互连,为用户组织信息流提供了必要条件。

4. 可靠性

传统的布线方式由于各个应用系统互不兼容,因而在一个建筑物中往往要有多种布线方案。因此系统的可靠性要由所选用的布线可靠性来保证,当各应用系统布线不当时,会造成交叉干扰。综合布线采用高品质的材料和组合压接的方式构成一套高标准的信息传输通道。每条通道都采用专用仪器校核线路衰减、串音和信噪比,以保证其电气性能。系统布线全部采用物理星形拓扑结构,应用系统布线全部采用点到点端接,结构特点使得任何一条线路故障均不影响其他线路的运行,同时为线路的运行维护及故障检修提供了极大的方便,所有线槽和相关连接件均通过 ISO 认证,从而保障了系统的可靠运行。各应用系统往往采用相同的传输媒介,因而可互为备用,提高了备用冗余。

5. 先进性

综合布线系统是具有弹性的布线概念,采用光纤与五类双绞线混合布线方式。所有布线均采用世界上最新通信标准,所有信息通道均按 ISDN 标准,按八芯双绞线配置。通过五类双绞线,数据最大速率可达到 155 Mbit/s,6 类双绞线带宽可达 200 MHz,对于特殊用户需求可把光纤铺到桌面(fiber to the desk)。通过主干通道同时多路传输多媒体信息,干线光缆可设计为 500 MHz 带宽,这就提供足够的带宽容量,为将来的发展也提供了足够的余量。物理星形的布线方式为将来发展交换式网络奠定了坚实的基础。

6. 经济性

综合布线比传统布线更具有经济性。主要因为综合布线可适应相当长时间的需求,而传统布线改造很费时间,影响日常工作。综合布线系统与传统布线方式相比,综合布线是一种既具有良好的初期投资特性,又具有极高的性价比的高科技产品,布线产品均符合国际标准 ISO/IEC 1180 和美国标准 EIA/TIA 568,为用户提供安全可靠的优质服务。

综合布线较好地解决了传统布线方法存在的许多问题,随着科学技术的迅速发展,人们对信息资源共享的要求越来越紧迫,尤其以电话业务为主的通信网逐渐向综合业务数字网(IS-DN)过渡,越来越重视能够同时提供语音、数据和视频传输的集成通信网。因此,综合布线取代单一、昂贵、复杂的传统布线,是信息时代的要求,是历史发展的必然趋势。

3.4　综合布线系统的优点

与传统的布线系统相比,综合布线具有的主要优点如下。

1. 结构清晰,便于管理维护

传统的布线方法是,各种不同设施的布线分别进行设计和施工,如电话系统、消防与安全报警系统、能源管理系统等都是独立进行的。一个智能化程度较高的大楼内,各种线路密密麻麻,拉线时免不了在墙上打洞,使得所到之处非常难看,而且还难以管理,布线成本高,功能不足,不适应形势发展的需要。综合布线就是针对这些缺点而采取一种统一材料、统一设计、统一布线、统一施工的标准,这样可以做到结构清晰,便于集中管理和维护。

2. 材料统一先进,适应今后的发展需要

综合布线系统采用了先进的材料,如 5 类非屏蔽双绞线,传输的速率在 100 Mbit/s 以上,完全能够满足未来 5～10 年的发展需要。

3. 灵活性强,适应各种不同的需求

综合布线系统使用起来非常灵活。一个标准的插座,既可接入电话,又可用来连接计算机终端,实现语音/数据点互换,可适应各种不同拓扑结构的局域网。

4. 便于扩充,既节约费用又提高系统的可靠性

综合布线系统采用的冗余布线和星形结构的布线方式,既提高了设备的工作能力又便于用户扩充。虽然传统布线所用线材比综合布线的线材要便宜,但在统一布线的情况下,可统一安排线路走向,统一施工,这样就减少了用料和施工费用,减少了占用办公用地的时间,同时使用的材料也是一种质量较高的材料。

3.5　综合布线系统标准

综合布线系统自问世以来已经历了近 20 年的历史,这期间,随着信息技术的发展,布线技术也在不断推陈出新。与之相适应,布线系统相关标准的发展也有相当长的时间,国际标准化委员会 ISO,欧洲标准化委员会 CEN 和北美的工业技术标准化委员会 TIA/EIA 都在努力制定更新的标准以满足技术和市场的需求。为使大家更好地了解和应用这些标准,本节在此对综合布线系统相关标准进行介绍。

目前中国布线行业主要参照国际标准、美洲标准、国家标准及国内行业标准实施。

1. 国家标准

国家标准 GB/T 50311—2007《综合布线系统工程设计规范》,GB/T 50312—2007《综合布线系统工程验收规范》这两项标准已正式发布,并于 2007 年修订。

2. 国内行业标准

1997 年 9 月 9 日,中国通信行业标准《大楼通信综合布线系统》(YD/T 926—1997)正式发布,并于 1998 年 1 月 1 日起正式实施。2001 年 10 月 19 日,由中国信息产业部发布了通信行业标准《大楼通信综合布线系统》(YD/T 926—2001)第 2 版,并于 2001 年 11 月 1 日起正式实施。

3. 美洲标准

TIA/EIA 标准主要包括以下内容。

① 568(1991)商业建筑通信布线标准。

② 569(1990)商业建筑电信布线路径和空间标准。

③ 570(1991)居住和轻型商业建筑标准。

④ 606(1993)商业建筑内电信基础设施的管理标准。

⑤ 607(1994)商业建筑中电信系统接地及连接要求。

3.6 综合布线系统的体系结构

综合布线系统是开放式结构,能支持电话及多种计算机数据系统,还能支持会议电视、监视电视等系统的需要。综合布线系统可划分成 6 个子系统:工作区子系统,水平(配线)子系统,干线(垂直)子系统,设备间子系统,管理子系统,建筑群子系统。图 3-6 所示为综合布线系统结构。

3.6.1 工作区子系统

一个独立的需要设置终端的区域,即一个工作区,工作区子系统应由配线(水平)布线系统的信息插座,延伸到工作站终端设备处的连接电缆及适配器组成。一个工作区的服务面积可按 5～10 m² 估算,每个工作区设置一个电话机或计算机终端设备,或按用户要求设置。

在设计工作区子系统的时候要注意如下几点。

① 从 RJ-45 插座到设备间的连线用双绞线不要超过 14 m。

② RJ-45 插座要安装在墙壁上或不容易碰到的地方,插座与地面间的距离为 30 cm。

③ 插座和插头的接线不要接错线头。

④ 工作区内线槽要布置得合理、美观。

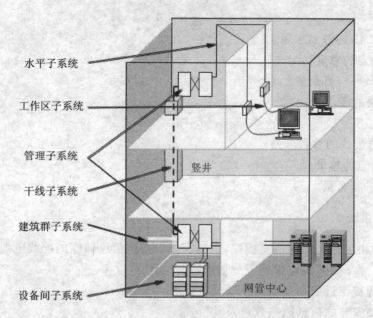

水平子系统

工作区子系统

管理子系统

干线子系统

建筑群子系统

设备间子系统

竖井

网管中心

图 3-6　综合布线系统结构

⑤ 信息插座与计算机设备的距离应该保持在 5 m 范围内。

综合布线系统的信息插座应按下列原则选用。

① 单个连接的 8 芯插座宜用于基本型系统。

② 双个连接的 8 芯插座宜用于增强型系统。

③ 信息插座应在内部做固定线连接。

④ 一个给定的综合布线系统设计可采用多种类型的信息插座。

工作区的每一个信息插座均支持电话机、数据终端、计算机、电视机及监视器等终端的设置和安装。

工作区适配器的选用应符合下列要求。

① 在设备连接器处采用不同信息插座的连接器时,可以用专用电缆或适配器。

② 当在单一信息插座上开通 ISDN 业务时,宜用网络终端适配器。

③ 在配线(水平)子系统中选用的电缆类别(媒体)不同于工作区子系统设备所需的电缆类别(媒体)时,宜采用适配器。

④ 在连接使用不同信号的数模转换或数据速率转换等相应的装置时,宜采用适配器。

⑤ 对于网络规程的兼容性,可用相应的适配器。

⑥ 根据工作区内不同的电信终端设备可配备相应的终端适配器。

所以工作区所需的 RJ-45、信息模块的数量应大致估算如下。

① RJ-45 所需的数量。

$$m = n \times 4 + n \times 4 \times 15\%$$

式中,m——RJ-45 的总需求量;

$\quad n$——信息点的总量;

$\quad n \times 4 \times 15\%$——富余量。

② 信息模块的需求量。

$$m = n + n \times 3\%$$

式中,m——信息模块的总需求量;

$\quad n$——信息点的总量;

$\quad n \times 3\%$——富余量。

3.6.2 水平子系统

水平子系统由工作区用的信息插座,每层配线设备至信息插座的配线电缆、楼层配线设备和跳线等组成。水平子系统应根据下列要求进行设计。

① 根据工程提出近期和远期的终端设备要求。

② 每层需要安装的信息插座数量及其位置。

③ 终端将来可能产生移动、修改和重新安排的详细情况。

④ 一次性建设与分期建设的方案比较。

水平子系统应采用 4 对双绞电缆,在有高速率应用的场合,应采用光缆。水平子系统根据整个综合布线系统的要求,应在二级交接间、交接间或设备间的配线设备上进行连接,以构成电话、数据、电视系统并进行管理。配线电缆宜选用普通型铜芯双绞电缆,水平子系统电缆长度应在 90 m 以内。

在订购电缆时,必须考虑以下几点。

① 确定介质布线方法和电缆走向。

② 确认到设备间的接线距离。

③ 留有端接容差。

电缆的计算公式为

$$订货总量[总长度(m)] = 所需总长 + 所需总长 \times 10\% + n \times 6$$

式中,所需总长——n 条布线电缆所需的理论长度;

$\quad$所需总长$\times 10\%$——备用部分;

$\quad n \times 6$——端接容差。

3.6.3 干线子系统

干线子系统应由设备间的配线设备和跳线以及设备间至各楼层配线间的连接电缆组成。在确定干线子系统所需要的电缆总对数之前,必须确定电缆话音和数据信号的共享原则。对于基本型每个工作区可选定一对,对于增强型每个工作区可选定两对双绞线,对于综合型每个工作区可在基本型和增强型的基础上增设光缆系统。

选择干线电缆最短、最安全和最经济的路由,选择封闭型通道敷设干线电缆。干线电缆可采用点对点端接,也可采用分支递减端接以及电缆直接连接的方法。如果设备间与计算机机房处于不同的地点,而且需要把话音电缆连至设备间,把数据电缆连至计算机房,则宜在设计中选取不同的干线电缆或干线电缆的不同部分来分别满足不同路由干线(垂直)子系统话音和数据的需要。当需要时,也可采用光缆系统予以满足。

3.6.4 设备间子系统

设备间是在每一幢大楼的适当地点设置进线设备,进行网络管理以及管理人员值班的场所。设备间子系统由综合布线系统的建筑物进线设备、电话、数据、计算机等各种主机设备及其保安配线设备等组成。设备间内的所有进线终端应采用色标区别各类用途的配线区,设备间位置及大小根据设备的数量、规模、最佳网络中心等因素,综合考虑确定。

3.6.5 管理子系统

管理子系统设置在每层配线设备的房间内。管理子系统应由交接间的配线设备,输入/输出设备等组成,也可应用于设备间子系统。管理子系统应采用单点管理双交接。交接场的结构取决于工作区、综合布线系统规模和选用的硬件。在管理规模大、复杂、有二级交接间时,才设置双点管理双交接。在管理点,根据应用环境用标记插入条来标出各个端接场。

交接区应有良好的标记系统,如建筑物名称、建筑物位置、区号、起始点和功能等标志。交接间及二级交接间的配线设备宜采用色标区别各类用途的配线区。交接设备连接方式的选用宜符合下列规定。

① 对楼层上的线路进行较小修改、移位或重新组合时,宜使用夹接线方式。

② 在经常需要重组线路时应使用插接线方式。

③ 在交接场之间应留出空间,以便容纳未来扩充的交接硬件。

3.6.6 建筑群子系统

建筑群子系统由两个及两个以上建筑物的电话、数据和电视系统组成。一个建筑群综合布线系统,包括连接各建筑物之间的缆线和配线设备(CD)。建筑群子系统宜采用地下管道敷设方式,管道内敷设的铜缆或光缆应遵循电话管道和入孔的各项设计规定。此外,安装时至少应预留1~2个备用管孔,以供扩充之用。建筑群子系统采用直埋沟内敷设时,如果在同一沟内埋入了其他的图像、监控电缆,应该有明显的共用标志。电话局引入的电缆应进入一个阻燃接头箱,再接至保护装置。

3.7 局域网络的后期设计

在搭建局域网络的前期,主要是从事硬件设备的安装工作,而后期工作主要是从事一些软件方面的工作,例如 IP 地址的分配、子网的划分、VLAN 的划分及各种服务器的配置等。

3.7.1 TCP/IP 方案的设计

在 TCP/IP 方案的设计过程中,主要考虑以下几个方面。

1. IP 地址分配

IP 地址属于哪一类,就决定了在这一个网络中,可以容纳的主机数量。通过修改子网掩码,可以改变一个网络中可容纳的机器数量,并优化自己网络的通信性能。

一个网络中,使用哪一类的 IP 地址和子网掩码,表面上看来没有什么关系,实际上,如果选择不当,从资源方面来说,会造成 IP 地址的浪费;从网络性能方面来说,可能会引起广播风暴,降低网络性能。举例说明:机器 IP 地址为 192.168.0.X 网段,没有采用默认的子网掩码 255.255.255.0,而是选择了 255.255.0.0 作为子网掩码。将子网掩码换算成二进制后是 11111111.11111111.00000000.00000000,在进行网络通信的时候,由于主机位占用了 16 位,那么整个网路可容纳的主机就有 $65\,534(2^{16}-2)$ 台,不管是公司还是企业都很难有这么大的规模,很显然这里造成了 IP 地址的浪费,同时数据广播的范围会扩大,因此可能会产生大量的广播信息,降低网络的通信性能。如何为自己的网络选择一个 IP 地址段和配套的子网掩码,节省 IP 地址资源,提高网络通信性能,是人们关心的议题。因此,可以根据网络中的机器数量,选择合适的 IP 地址,打造属于自己网络的子网掩码。

2. IP 子网与 VLAN 路由的划分

在局域网中,IP 子网与 VLAN 一一对应。应给每一个 VLAN 分配一个相对应的 IP 子网网段。尽管一个 IP 子网对应两个 VLAN 或一个 VLAN 对应两个 IP 子网也可以实施,但这样配置会给三层交换的设计带来很大不便。因此,如果需要 VLAN 之间的路由设置,一定要使 IP 子网和 VLAN 一一对应。

VLAN 和子网划分后,VLAN(IP 子网)之间逻辑上是不连接的,这就需要 VLAN 之间的路由。VLAN 之间的路由通常是通过对三层交换机进行设置实现的。

在三层交换机(layer 3 switch)上设置 VLAN 之间路由功能的具体方法如下。

① 为每一个 VLAN 上的 IP 网段指定一个网关地址;

② 设定上述网关地址到交换机的对应此 VLAN 的逻辑接口上;

③ 设定相应路由协议或静态路由;

④ 设定必要的过滤功能;

⑤ 把每个 VLAN 的每台端设备的默认网关地址,设成第三层交换机上的相应 IP 网关

地址。

通过配置,作为端结点的用户工作站就可以访问其所在 VLAN 之外的结点。

3. VLAN 间路由的实现

为什么不同 VLAN 间不通过路由就无法通信? 在 LAN 内的通信,必须在数据帧头中指定通信目标的 MAC 地址。而为了获取 MAC 地址,TCP/IP 协议下使用的是 ARP。ARP 解析 MAC 地址的方法,则是通过广播。也就是说,如果广播报文无法到达,那么就无从解析 MAC 地址,亦即无法直接通信。

计算机分属不同的 VLAN,也就意味着分属不同的广播域,自然收不到彼此的广播报文。因此,属于不同 VLAN 的计算机之间无法直接互相通信。为了能够在 VLAN 间通信,需要利用 OSI 参照模型中更高一层——网络层的信息(IP 地址)来进行路由。关于路由的具体内容,以后有机会再详细解说。

路由功能,一般主要由路由器提供。但在如今局域网里,也经常利用带有路由功能的交换机——三层交换机来实现。

4. 路由协议的选择

当网络启用了路由协议,网络便具有了能够自动更新路由表的强大功能。但是使用如 RIP/RIP2,OSPF 或 IGRP/EIGRP 等一些主要的内部网关协议(interior gateway protocol, IGP)都有一定的规定。

内部网关协议首先适合于那些只有单个管理员负责网络操作和运行的地方;否则,将会出现配置错误而导致网络性能降低或运行不稳定。对于由许多管理员共同负责的网络,如 Internet,则考虑使用外部网关协议(exterior gateway protocol, EGP),如 BGP4。

如果网络中只有一台路由器时,不需要使用路由协议;只有当网络中具有多台路由器时,才有必要让它们去共享信息。但如果网络较小,完全可以通过静态路由手动更新路由表。

(1) 路由信息协议

路由信息协议(routing information protocol, RIP)基于一个被称为 routed 的程序,该程序运行在 BSDI 版本的 UNIX 系统之上,并在 1988 年列于标准 RFC 1058 中。而在 RFC 1388 中所描述的版本 2 中,增加了对可变长子网屏蔽(variable length subnet masks, VLSM)的支持,但没有弥补该协议的主要缺陷。例如,在有多重路径到相同目标的网络中,RIP 确定使用一条可选择的路径将花费许多时间,在没有多重路径的网络中,RIP 协议已经被广泛使用。

RIP 被列为距离矢量协议,这意味着它使用距离来决定最佳路径,如通过路由跳数来衡量。路由器每 30 s 互相发送广播信息。收到广播信息的每个路由器增加一个跳数。如果广播信息经过多个路由器被收到,到这个路由器具有最低跳数的路径即被选中的路径。如果首选的路径不能正常工作,那么具有较高跳数的路径被作为备份。

对于 RIP(和其他路由协议),网络上的路由器在一条路径不能用时必须经历决定替代路径的过程,这个过程称为收敛(convergence)。RIP 的主要问题是花费大量的时间于收敛。在

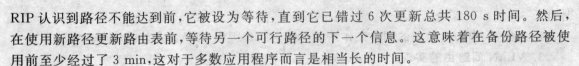

RIP 认识到路径不能达到前,它被设为等待,直到它已错过 6 次更新总共 180 s 时间。然后,在使用新路径更新路由表前,等待另一个可行路径的下一个信息。这意味着在备份路径被使用前至少经过了 3 min,这对于多数应用程序而言是相当长的时间。

RIP 的另一个基本问题是,当选择路径时会忽略连接速度问题。例如,如果一条由所有快速以太网连接组成的路径比包含一个 10 Mbit/s 以太网连接的路径多一个跳数,具有较慢 10 Mbit/s 以太网连接的路径将被选定作为最佳路径。

RIP 的原始版本不能应用 VLSM,因此不能分割地址空间以最大效率地应用有限的 IP 地址。RIP2 通过引入子网屏蔽与每一路由广播信息一起使用实现了这个功能。

路由协议还应该能防止数据包进入循环,或落入路由选择循环,这是由于多余连接影响网络的问题。RIP 假定如果从网络的一个终端到另一个终端的路由跳超过 15 个,则一定涉及循环。因此当一个路径达到 16 跳时,将被认为是达不到的。显然,这限制了 RIP 只能在网络上的使用。

RIP 的最大问题涉及具有多余路径的较大网络。如果网络没有多余的路径,RIP 将很好地工作,它是被几乎每个支持路径选择的厂商实施的 Internet 标准。RIP 适用于多数服务器操作系统,它的配置和障碍修复非常容易。对于规模较大的网络或具有多余路径的网络,应该考虑使用其他路由协议。

(2) 最短路径优先算法(OSPF2)

OSPF2 是类似于 RIP 的 Internet 标准,可以弥补 RIP 的缺点。1991 年在 RFC 1247 中它被第一次标准化;最新的版本是在 RFC 2328 中。但是与 RIP 不同的是,OSPF 是一套链路状态路由协议,这意味着路由选择的变化基于网络中路由器物理连接的状态与速度,并且变化被立即广播到网络中的每一个路由器。

当一个 OSPF 路由器第一次被激活时,它使用 OSPF 的"hello 协议"来发现与它连接的邻结点,然后用链路状态广播信息(LSA)等和这些路由器交换链路状态信息。每个路由器都创建了由每个接口、对应邻结点和接口速度组成的数据库。每个路由器从邻接路由器收到的 LSA 被继续向各自的邻接路由器传递,直到网络中的每个路由器都收到其他所有路由器的 LSA。

链路状态数据库不同于路由表,根据数据库中的信息,每个路由器计算到网络的每一目标的一条路径,创建以它为根的路由拓扑结构树,其中包含了形成路由表基础的最短路径优先树(SPF 树)。LSA 每 30 min 被交换一次,除非网络拓扑结构有变化。例如,如果接口变化,信息立刻通过网络广播;如果有多余路径,收敛将重新计算 SPF 树。计算 SPF 树所需的时间取决于网络规模的大小。因为这些计算,路由器运行 OSPF 需要占用更多 CPU 资源。

一种弥补 OSPF 占用 CPU 和内存资源的方法是将网络分成独立的层次域,称为区域(area)。每个路由器仅与它们自己区域内的其他路由器交换 LSA。area0 被作为主干区域,所有区域必须与 area0 相邻接。在区域边界路由器(area border router,ABR)上定义了两个区域之间的边界。ABR 与 area0 和另一个非主干区域至少分别有一个接口。最优设计的 OSPF 网络包含通过 VLSM 与每个区域邻接的主干网络。这使得在路由表的一个条目中描述多个网络成为可能。

虽然 OSPF 是 RIP 强大的替代品，但是它执行时需要更多的路由器资源。如果网络中正在运转的是 RIP，并且没有发生任何问题，仍然可以继续使用。但是如果想在网络中利用基于标准协议的多余链路，OSPF 是更好的选择。

（3）增强内部网关路由协议

在 Cisco 公司的产品中，EIGRP(enhanced interior gateway routing protocol)具有一些优势。最重要的是它能迅速广播链路状态的变化。但 EIGRP 的最大缺点是没有标准化。

与 OSPF 一样，EIGRP 路由器寻找它们的邻接路由器并交换 hello 数据包。EIGRP 每隔 5 s 传送一次 hello 数据包。如果失败 3 次，邻接路由器则被认为是宕机状态，替代的路径将被使用。

当本地路由器的链路状态发生变化，在新信息基础上它将重新计算拓扑结构表。OSPF 此时将立即向网络中的每个路由器广播链路状态的变化，而 EIGRP 将仅仅涉及被这些变化直接影响的路由器。这使带宽和 CPU 资源的利用效率更高。同时，由于 EIGRP 使用了不到 50% 的带宽，使得在低带宽 WAN 链路上具有很大优势。EIGRP 的另一个优势是它支持 Novell/IPX 和 AppleTalk 环境。如果网络正在运行的是 IGRP，那么转换到 EIGRP 比转换到 OSPF 要容易得多。

3.7.2　DHCP 服务的配置

DHCP 是 dynamic host configuration protocol 的缩写，它是 TCP/IP 协议簇中的一种，主要是用来给网络客户机分配动态的 IP 地址。这些被分配的 IP 地址都是 DHCP 服务器预先保留的一个由多个地址组成的地址集，并且它们一般是一段连续的地址。

使用 DHCP 时必须在网络上有一台 DHCP 服务器，而其他机器作为 DHCP 客户端。当 DHCP 客户端程序发出一个信息，要求一个动态的 IP 地址时，DHCP 服务器会根据目前已经配置的地址，提供一个可供使用的 IP 地址和子网掩码给客户端。

1. 创建 DHCP 作用域

要使 Windows 2000 Server 服务器实现为网络中的客户机动态分配 IP 地址和子网掩码的功能，除了要为 DNCP 服务器指定一台计算机外，还需要为该服务器创建一个作用域。创建作用域的主要作用是为服务器指定和配置好可分配的 IP 地址。因此，在创建新的 DHCP 服务器的操作中创建作用域的工作是至关重要的，它关系到 DHCP 是否拥有可分配的 IP 地址。

创建 DHCP 作用域的操作步骤如下。

① 单击"开始"→"程序"→"管理工具"命令，打开 DHCP 控制台窗口。

② 选择要创建作用域的 DHCP 服务器，单击"操作"→"新建作用域"命令，弹出"新建作

用域向导"对话框,如图3-7所示。

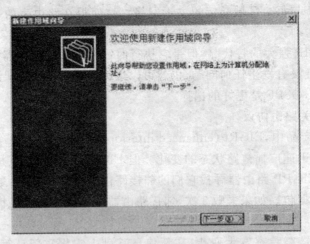

图3-7 "新建作用域向导"对话框

③ 单击"下一步"按钮,弹出"作用域名"对话框,如图3-8所示。作用域名能够帮助用户快速识别有关的IP地址,在该对话框的"名称"文本框中输入作用域的名称,在"说明"文本框中输入作用域的相关说明。作用域的名称最多为128个字符,名称可以是任何字母、数字和连字符的组合。

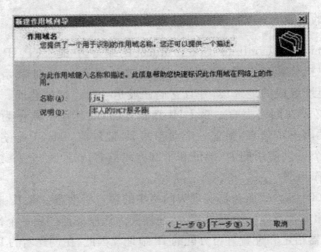

图3-8 "作用域名"对话框

④ 单击"下一步"按钮,弹出"IP地址范围"对话框,如图3-9所示,在该对话框中可指定作用域的地址范围及子网掩码。在"输入此作用域分配的地址范围"选项区域中的两个文本框

中分别输入作用域的起始 IP 地址和结束 IP 地址。子网掩码定义了网络/子网 ID 和主机 ID 各使用多少位 IP 地址,根据所输入的起始地址和结束地址,DHCP 管理器会为用户提供一个适用于大多数网络的默认子网掩码。如果该默认值不正确,可以在"长度"或"子网掩码"文本框中输入正确的值。

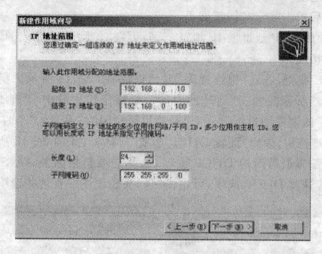

图 3-9　"IP 地址范围"对话框

　　⑤ 单击"下一步"按钮,弹出"添加排除"对话框,如图 3-10 所示。在该对话框中可定义服务器不分配的 IP 地址范围。排除范围应当包括所有手工分配给其他 DHCP 服务器、非 DHCP 客户机、无盘工作站或 RAS 和 PPP 客户机的 IP 地址。如果有要排除的 IP 地址,可按下述方法进行定义。

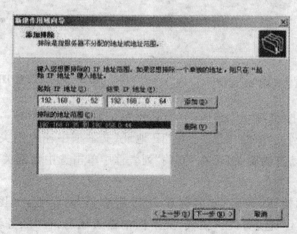

图 3-10　"添加排除"对话框

在"起始 IP 地址"文本框中输入排除范围的 IP 起始地址,在"结束 IP 地址"文本框中输入排除范围的 IP 结束地址,然后单击"添加"按钮。如果有多个排除范围,可使用同样方法对它们进行定义。

要排除单个 IP 地址,只需要在"起始 IP 地址"文本框中输入该 IP 地址,而"结束 IP 地址"文本框保持为空,然后单击"添加"按钮即可。

要从排除范围中删除 IP 地址或 IP 地址范围,可在"排除的地址范围"列表框中单击该地址,然后单击"删除"按钮。

⑥ 单击"下一步"按钮,进入"租约期限"对话框,如图 3-11 所示。租约期限指定了客户机使用 DHCP 服务器所分配的 IP 地址的时间。要指定作用域中 IP 地址的租用时间,则在"天"、"小时"、"分钟"微调框中设置定义 IP 地址租用时间的"天"数、"小时"数和"分钟"数。

⑦ 单击"下一步"按钮,弹出"配置 DHCP 选项"对话框,如图 3-12 所示。要想让网络客户使用作用域,必须配置最常用的 DHCP 选项,这些选项包括网关、DNS 服务器和 WINS 设置等。要想立即配置这些 DHCP 选项,可单击"是,我想现在配置这些选项"单选按钮。

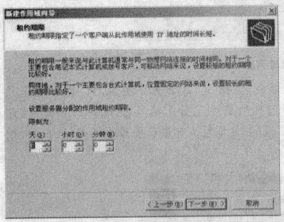

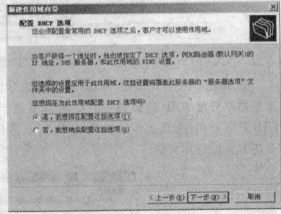

图 3-11 "租约期限"对话框　　　　图 3-12 "配置 DHCP 选项"对话框

⑧ 单击"下一步"按钮,弹出"路由器(默认网关)"对话框,如图 3-13 所示。该对话框要求用户配置作用域的网关(或路由器)。在"IP 地址"文本框中输入网关地址并单击"添加"按钮添加网关。要删除已有的网关,可在"网关"列表框中单击选中该网关地址,然后单击"删除"按钮。

⑨ 单击"下一步"按钮,弹出"域名称和 DNS 服务器"对话框,如图 3-14 所示,DNS 服务器可把域名转换成 IP 地址。在"父域"文本框中输入域名,在"服务器名"文本框中输入服务器的名称,然后单击"解析"按钮,则在右侧的"IP 地址"文本框中显示出该服务器名称所对应的 IP 地址。单击"添加"按钮即可将此地址加入到 DNS 服务器列表中。要删除已有的

DNS 服务器,可在"解析"按钮右侧的列表框中单击选中该 DNS 服务器地址,然后单击"删除"按钮。

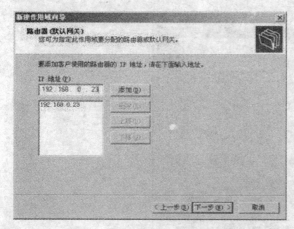

图 3-13　"路由器(默认网关)"对话框

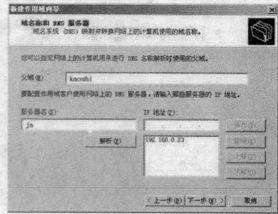

图 3-14　"域名称和 DNS 服务器"对话框

⑩ 单击"下一步"按钮,弹出"WINS 服务器"对话框,在该对话框中输入 WINS 服务器地址,WINS 服务器可以将 Windows 客户的计算机名称转换成相应的 IP 地址。在"服务器名"文本框中输入 WINS 服务器的名称,单击"解析"按钮,则在右侧的 IP 文本框中显示出该服务器名称所对应的 IP 地址。单击"添加"按钮可以将此地址加入到 DNS 服务器列表中,如图 3-15 所示。要删除已有的 WINS 服务器,在"WINS 服务器"列表框中单击选中该 WINS 服务器地址,然后单击"删除"按钮。

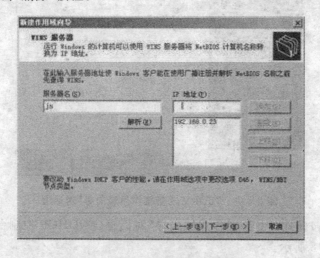

图 3-15　"WINS 服务器"对话框

⑪ 单击"下一步"按钮,弹出"激活作用域"对话框,如图 3-16 所示。单击"是,我想现在激活此作用域"单选按钮。

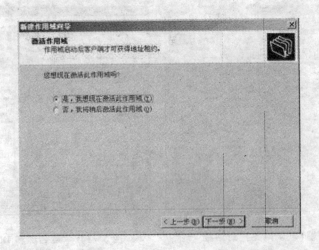

图 3-16 "激活作用域"对话框

⑫ 单击"下一步"按钮,"新建作用域向导"就完成了创建作用域的过程,弹出如图 3-17 所示的对话框。

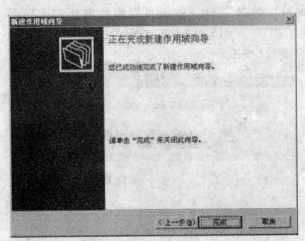

图 3-17 "正在完成新建作用域向导"对话框

⑬ 单击"完成"按钮,关闭"新建作用域向导"对话框,在 DHCP 控制台上就列出了所创建的作用域,如图 3-18 所示。

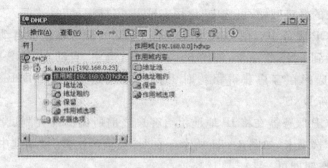

图 3-18 新建的作用域

2. 配置 DHCP 服务

在 Windows 2000 Server 中可以进一步设置 DHCP 服务器的各种属性,如设置是否启用自动刷新统计,是否启动 DHCP 记录及是否显示 BOOTP 文件夹等。配置 DHCP 服务器的属性的操作步骤如下。

① 以系统管理员身份登录到 Windows 2000 Server 中,并打开 DHCP 控制台窗口。

② 选择一个授权的 DHCP 服务器,并单击"操作"→"属性"命令,打开服务器属性对话框,如图 3-19 所示。

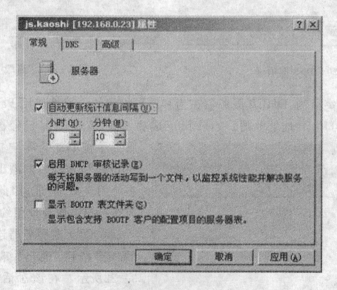

图 3-19 DHCP 服务器的属性对话框

③ 要想启动自动刷新统计功能,可选中"自动更新统计信息间隔"复选框,并在其下的"小时"和"分钟"微调框中设置刷新间隔的小时和分钟数即可。要想在文件中记录每天的服务器

活动,以供解决服务的疑难问题,可选中"启用 DHCP 审核记录"复选框。

④ 如果在 DHCP 服务中启用 DNS 动态更新,DHCP 服务器就能自动完成动态更新。单击"DNS"标签,切换到 DNS 选项卡,如图 3-20 所示,选中"自动在 DNS 中更新 DHCP 客户的信息"复选框,并选择在客户获得租约时更新的方式是"只有当 DHCP 客户请求时更新DNS"还是"总是更新 DNS"。

⑤ 要指定 DHCP 服务器在将 IP 地址租给客户之前所做的冲突测试次数,可单击"高级"标签,切换到"高级"选项卡,如图 3-21 所示。在"冲突监测次数"微调框中设置大于 0 的一个数值并单击"确定"按钮即可。

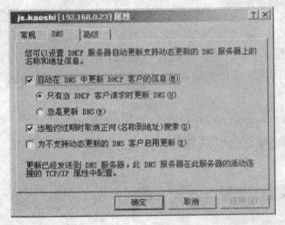 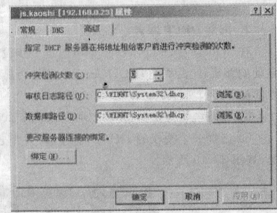

图 3-20 DNS 选项卡　　　　　图 3-21 "高级"选项卡

如果设置了冲突监测,DHCP 服务器在为客户提供租约之前将使用 Packet Internet Groper (ping)来测试可用 IP 地址范围。如果 ping 成功,说明该 IP 地址已经被客户使用,DHCP

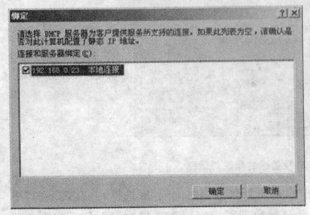

图 3-22 "绑定"对话框

服务器将不能为客户提供地址租约。如果 ping 失败或时间溢出,说明当前网络没有使用该 IP 地址,因此 DHCP 服务器将为客户提供该地址租约。

⑥ 要更改服务器连接的绑定,可单击"绑定"按钮,弹出"绑定"对话框,如图 3-22所示。在该对话框的"连接和服务器绑定"列表框中选择要绑定的项目,然后单击"确定"按钮。

3.7.3　DNS 服务器的配置

DNS 服务器所提供的服务是完成将主机名和域名转换为 IP 地址的工作。为什么需要将主机名和域名转换为 IP 地址呢？这是因为，当网络上的一台客户机访问某一服务器上的资源时，用户在浏览器地址栏中输入的是便于识记的主机名和域名，如 http://www.263.net。而网络上的计算机之间实现连接却是通过每台计算机在网络中拥有的唯一的 IP 地址来完成的，这样就需要在用户容易记忆的地址和计算机能够识别的地址之间有一个解析，DNS 服务器便充当了地址解析的重要角色。

DNS(域名系统)是 domain name system 的缩写，是一种组织域层次结构的计算机和网络服务命名系统。当用户在应用程序中输入 DNS 名称时，DNS 服务可以将此名称解析为与此名称相关的 IP 地址信息。用户在使用网络服务时喜欢在浏览器的地址栏中输入使用主机名和域名组成的名称，如 computer.bookshop.com，因为，这样的名称更容易被用户记住。但是，计算机在网络上是使用 IP 地址来通信的。为了能够实现网络计算机之间的通信，DNS 服务器所提供的服务就是将用户所使用的计算机或服务名称映射为 IP 地址。

在用户选定了运行 DNS 服务器的计算机后，便等于为该服务器选定了硬件设备。而实现 DNS 服务器的域名服务功能还需要软件的支持，其中最重要的是为 DNS 服务器创建区域。该区域其实是一个数据库，它提供 DNS 名称和相关数据，如 IP 地址或网络服务间的映射。

1. 正向搜索区域

正向搜索区域使得 DNS 服务器能够向前查找，对于 DNS 服务器，必须配置至少一个正向搜索区域以便 DNS 服务器工作。在 Windows 2000 中，可以配置以下 3 种类型的正向搜索区域。

① 集成的活动目录。新区域的主副本，把它存放在活动目录中，新区域使用活动目录来保存和同步复制区域文件。

② 标准主要区域。新区域的主副本，把它保存在标准文本文件中，在创建的新区域所在的计算机上管理并维护主区域文件。

③ 标准辅助区域。现存区域的一个副本，创建辅助区域可提供冗余并减少名字服务器上的负荷。辅助区域是只读的，并且被保存在标准文本文件中。为了创建辅助区域，必须配置主区域，并指定主 DNS 服务器，它将把区域信息转换成包含标准辅助区域的名字服务器。创建正向搜索区域的操作步骤如下。

① 单击"开始"→"程序"→"管理工具"命令，打开 DNS 窗口，选择要创建正向搜索区域的 DNS 服务器。

② 单击"操作"→"创建新区域"命令，系统启动"新建区域向导"对话框，如图 3-23 所示，该向导将引导用户创建新区域。

图 3-23 "新建区域向导"对话框

③ 单击"下一步"按钮,弹出"区域类型"对话框,如图 3-24 所示。用户可以单击要创建区域类型对应的单选按钮,在本例中单击"标准主要区域"单选按钮。

④ 单击"下一步"按钮,弹出"区域名"对话框,如图 3-25 所示,该对话框要求用户输入新建区域的名称。在"名称"文本框中输入新区域的名称。一般地,区域名在域名层次结构中区域所包含的最高域之后,如在本例中输入 jsj. kaoshi. com。

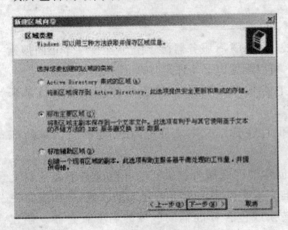

图 3-24 "区域类型"对话框

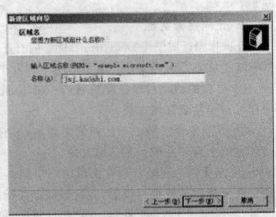

图 3-25 "区域名"对话框

⑤ 单击"下一步"按钮,弹出"区域文件"对话框,如图 3-26 所示。该对话框要求用户输入新 DNS 服务区域的数据库文件名。区域数据库文件名默认与区域名相同,并以 dns 为扩展名,如 js. kaoshi. com. dns。当从另一台服务器移植区域时,必须把现有文件存放到本计算机的 Winnt\System32\Dns 文件夹中。

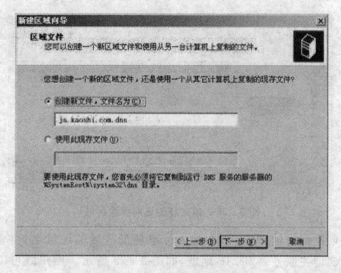

图 3-26　"区域文件"对话框

⑥ 单击"下一步"按钮,弹出"正在完成新建区域向导"对话框,该对话框显示出新区域的设置信息,如图 3-27 所示。如果信息正确,单击"完成"按钮关闭向导;如果发现某些设置有误,可多次单击"上一步"按钮返回设置对话框重新设置。

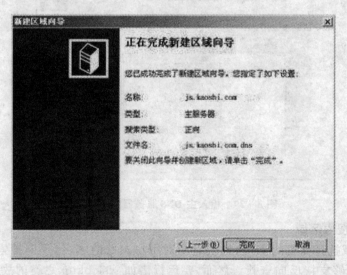

图 3-27　"正在完成新建区域向导"对话框

⑦ 单击"完成"按钮,完成创建新区域的操作。在 DNS 窗口中右侧窗格中就显示出如图 3-28所示的信息。

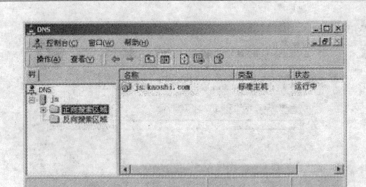

图 3 – 28　创建好的正向搜索区域

　　如果选择的是创建标准辅助区域,在输入标准辅助区域的区域名,并单击"下一步"按钮后,向导会要求输入"宿主服务器"的 IP 地址,如图 3 – 29 所示。用户既可以在"IP 地址"文本框中输入主 DNS 服务器的 IP 地址,并单击"添加"按钮;也可以单击"浏览"按钮选择主 DNS 服务器。

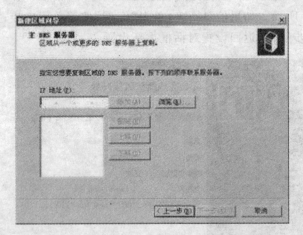

图 3 – 29　输入主 DNS 服务器的 IP 地址

2. 创建反向搜索区域

　　反向搜索区域把计算机的 IP 地址映射到对用户友好的域名,反向搜索区域并不是必要的,正向区域也能够支持反向查找。然而,要运行诸如 Nslookup 之类的故障排除工具,以及在 IIS 日志文件中记录名字而非 IP 地址时,就需要反向搜索区域。与正向搜索区域一样,也有 3 种反向搜索类型,它们是集成的活动目录、标准主要区域和标准辅助区域。

　　Windows 2000 DNS 服务器在安装 DNS 时会自动增加 3 个从 IP 地址到域名映射的反向搜索区域,它们是 0. in – addr. arpa,127. in – addr. arpa 和 255. in – addr. arpa,这些反向搜索区

域与服务器的性能有关,用户不要进行编辑或删除。创建反向搜索区域的操作步骤如下。

① 单击"开始"→"程序"→"管理工具"→DNS 命令,打开 DNS 窗口,选择要创建反向搜索区域的 DNS 服务器。

② 单击"操作"→"创建新区域"命令,弹出"新建区域向导"对话框,该向导将引导用户创建新区域。

③ 单击"下一步"按钮,弹出"区域类型"对话框,用户可以单击要创建区域类型对应的单选按钮,在本例中单击"标准主要区域"单选按钮。

④ 单击"下一步"按钮,弹出"正向或反向搜索区域"对话框,该对话框要求用户选择区域搜索类型,如图 3-30 所示,在此单击"反向搜索区域"单选按钮。

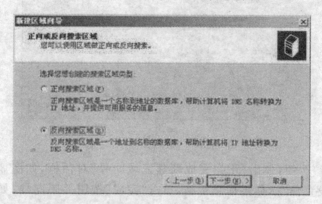

图 3-30 "正向或反向搜索区域"对话框

⑤ 单击"下一步"按钮,弹出"反向搜索区域"对话框,如图 3-31 所示,该对话框要求用户输入反向搜索区域的网络标识或区域名称。例如,在"网络 ID"文本框中输入 192.168.0 表示

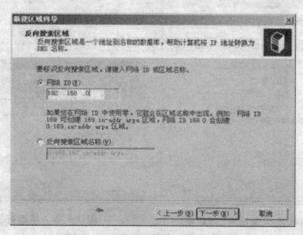

图 3-31 "反向搜索区域"对话框

网络中的所有反向搜索都在这个新区域中解析,而反向搜索区域的文件名默认取自网络标识,由反向 IP 地址和 in‑addr.arpa 后缀组成。

⑥ 单击"下一步"按钮,弹出"区域文件"对话框,如图 3‑32 所示。该对话框要求用户输入反向搜索区域的数据库文件名,文件名默认为区域名加上 dns 扩展名,在此使用系统的默认值。

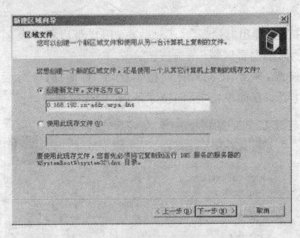

图 3‑32 "区域文件"对话框

⑦ 单击"下一步"按钮,弹出"正在完成新建区域向导"对话框,如图 3‑33 所示。该对话框显示出新区域的设置信息,如果信息正确,单击"完成"按钮关闭向导;如果发现某些设置有误,可多次单击"上一步"按钮返回设置对话框重新设置。

⑧ 单击"完成"按钮,就完成了创建新区域的操作。在 DNS 窗口中右侧窗格中就显示出如图 3‑34 所示的信息。

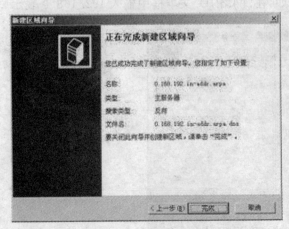

图 3‑33 "正在完成新建区域向导"对话框

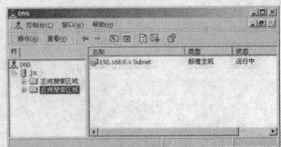

图 3‑34 创建好的反向搜索区域

3. 配置 DNS 服务

将 DNS 服务器添加到 DNS 控制台后,就可以设置服务器的属性,如只让 DNS 服务器侦听某些 IP 地址,在不能解析名称时使用转发程序,设置 DNS 服务器启动方法等。配置 DNS 服务器属性的操作步骤如下。

① 在 DNS 控制台中选择想要配置属性的 DNS 服务器,然后单击"操作"→"属性"命令,打开如图 3-35 所示的"js 属性"对话框。

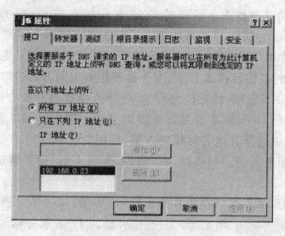

图 3-35 "js 属性"对话框

② 默认情况下,DNS 服务器将侦听网络上所有配置为该服务器的 IP 地址的 DNS 通信信息。如果要将 DNS 限制为只侦听部分 IP 地址,在服务器属性对话框的"接口"选项卡中单击"只在下列 IP 地址"单选按钮,并在其下的"IP 地址"文本框中输入要侦听的 IP 地址,然后单击"添加"按钮将IP 地址添加到侦听 IP 地址列表中。当指定了侦听地址后,DNS 服务器将只侦听指定的 IP 地址,为这些地址提供名称服务,该功能多用在 DNS 服务器计算机有多个IP 地址的情况下。

③ 如果 DNS 不能解析客户的名称请求,可以启用转发程序。这样在 DNS 服务器不能应答查询时,就将查询传送到指定的服务器中,由该服务器协助解析。要启用转发程序,可单击服务器属性对话框的"转发器"标签,切换到"转发器"选项卡,如图 3-36 所示。选中"启用转发器"复选框,然后在该复选框下的"IP 地址"文本框中输入转发 DNS 服务器的 IP 地址,并单击"添加"按钮将其添加到转发服务器列表中。通过在"转发超时"

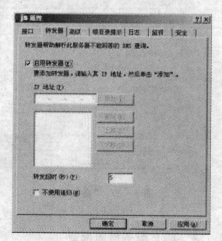

图 3-36 "转发器"选项卡

文本框中输入以秒为单位的时间,还可以改变转发超时的时间。

④ 默认情况下,在刚启动 DNS 服务器时,使用保存在 Windows 2000 注册表中的信息启动并初始化 DNS 服务。用户还可以配置 DNS 服务器使其从 Boot. dns 文件启动或从域控制器启动。

注意:要从文件启动,Boot. dns 文件必须位于计算机的\Winnt\System32\Dns 文件夹中。

⑤ DNS 服务器支持 3 种检查所收到的 DNS 名称的方式:严格的 RFC(ANSI),非 RFC(ANSI)和多字节(UTF8)。其中,"严格的 RFC"方法将强制服务器严格地将所有 DNS 名称改为兼容的 RFC 名;"非 RFC"方式允许 DNS 服务器使用不与 RFC 兼容的名称;"多字节"方法允许使用 Unicode 8 的名称转换成 DNS 服务器使用的编码方案。默认情况下,服务器使用"非 RFC"方式来检查 DNS 名称,该方法允许 DNS 服务器接收并处理使用标准 ANSI 编码字符的 DNS 名称,能与其他 DNS 服务器更好地协同工作。用户也可以通过在"高级"选项卡的"名称检查"下拉列表框中选择其他名称检查方案,如图 3-37 所示。

如果要停用 DNS 服务器的递归查询,在"高级"选项卡的"服务器选项"列表框中选择"停用递归"项。

⑥ 如果要设置 DNS 服务器寻找的其他 DNS 服务器,单击服务器属性对话框的"根目录提示"选项卡,如图 3-38 所示。单击"添加"按钮并输入 DNS 服务器的名称与 IP 地址。

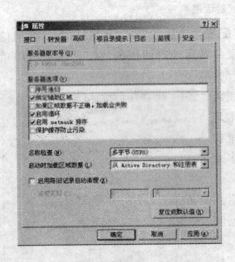

图 3-37 "高级"选项卡

图 3-38 "根目录提示"选项卡

3.7.4　FTP 服务器的配置

FTP 是一种客户/服务器结构,因此,它既需要运行于用户计算机上的客户机软件,又需要运行于宿主(服务器)计算机上的服务器软件。用户启动 FTP 客户机程序,通过输入用户名和口令,试图与 FTP 服务器建立连接。一旦成功,在 Internet 上,客户机和服务器之间就建立起一条命令链路(控制链路),其结构如图 3-39 所示。客户程序通过它向 FTP 服务器发送诸如改变目录、显示目录清单等命令,FTP 服务器则返回每条命令执行后的状态信息。这时,用户可以进行查找,发出卸载或装载命令。如果用户做好了卸装文件的准备,FTP 服务器将开辟一条数据链路,进行所需文件(二进制文件或文本文件)的传送。文件传送结束后,数据链路被关闭。同时,FTP 服务器通过控制链路发送一个文件结束确认信息。此后,用户既可以继续进行文件查找,并打开另一条数据链路以便卸装更多的文件,也可以发出 quit 或 bye 命令,关闭 FTP 服务,返回用户计算机。

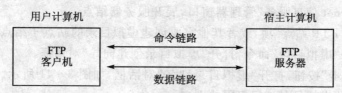

图 3-39　客户/服务器结构的 FTP

　　但是,如果用户未被授权访问某台 Internet 主机,就无法在该主机登录,除非该主机提供了匿名 FTP 服务。

1. 设置 FTP 站点主目录

　　同 Web 站点一样,每个 FTP 站点也必须有一个主目录,作为其他访问者访问用户 FTP 站点的起点。在 FTP 站点中,所有的文件都存放在作为根目录的主目录中,这就使其他访问者对用户 FTP 站点中的文件查找变得非常方便。设置主目录的操作步骤如下。

　　① 单击"开始"→"程序"→"管理工具"→"Internet 信息服务器"命令,打开"Internet 信息服务"控制台窗口。在控制台目录树中,展开"Internet 信息服务"结点,再双击该结点展开服务器结点。

　　② 右击"默认 FTP 站点"或其他 FTP 站点,从弹出的快捷菜单中选择"属性"命令,弹出"默认 FTP 站点属性"对话框,然后切换到"主目录"选项卡,如图 3-40 所示。

　　③ 单击"此计算机上的目录"单选按钮。如果主目录在服务器上,则单击该单选按钮;如果主目录在网络计算机上,则单击"另一计算机上的共享位置"单选按钮。

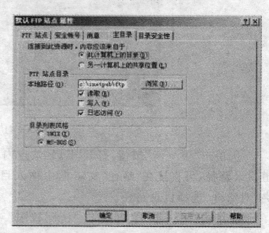

图 3-40　设置主目录

④ 在"FTP 站点目录"选项区域中,单击"浏览"按钮,选择目录路径,或者直接输入目录路径,并通过选中不同复选框来设置目录权限。

⑤ 在"目录列表风格"选项区域中,通过单击不同的单选按钮来选择目录列表的风格,包括 UNIX 和 MS‑DOS 风格。

⑥ 设置完毕,单击"确定"按钮,关闭对话框。

2. 创建 FTP 站点虚拟目录

FTP 虚拟目录是指 FTP 站点的主目录下的所有目录。同 Web 服务一样,要想通过 FTP 站点主目录发布信息文件,必须为 FTP 站点创建虚拟目录,它是 FTP 服务发布信息文件的主要方式。创建 FTP 虚拟目录的操作步骤如下。

① 打开"Internet 信息服务"管理器窗口,展开服务器结点。

② 右击"默认 FTP 站点"项,或者其他需要创建虚拟目录的站点子结点,从弹出的快捷菜单中选择"新建"→"虚拟目录"命令,打开"虚拟目录创建向导"对话框。

③ 单击"下一步"按钮,打开"虚拟目录别名"对话框,如图 3‑41 所示。在"别名"文本框中,输入用于获得此虚拟目录访问权限的别名。

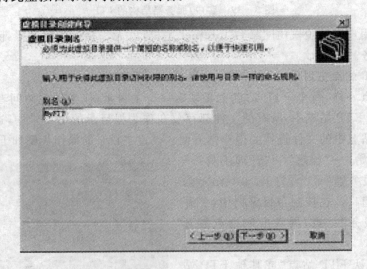

图 3‑41　输入别名

④ 单击"下一步"按钮,打开"FTP 站点内容目录"对话框,如图 3‑42 所示。如果用户知道目录路径,可直接在"略径"文本框中输入目录路径;或者单击"浏览"按钮,打开"浏览文件夹"对话框,选择目录路径。

⑤ 单击"下一步"按钮,打开"访问权限"对话框,如图 3‑43 所示。在"允许下列权限"选项区域中,用户可以为此目录设置访问权限。例如,选中"写入"复选框,则允许访问者在目录中写入内容。

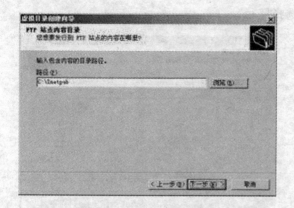

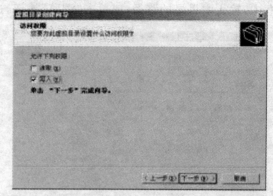

图 3-42　输入目录路径　　　　　　　　　　图 3-43　设置访问权限

⑥ 访问权限设置完成后,单击"下一步"按钮,弹出"您已成功完成'虚拟目录创建向导'"对话框。单击"完成"按钮,完成虚拟目录的创建。

通过设置 FTP 的虚拟目录,可以将 CD-ROM 设置为 FTP 的虚拟目录,然后通过 FTP 调用,就可以在局域网中实现多平台下共享 CD-ROM。

3. 创建 FTP 站点

一般情况下,每个 FTP 站点在内容上都是一个主题,以便其他访问者能够快速进行信息查询。如果有多个主题的信息文件需要在网络上发布,应在服务器上创建不同的 FTP 站点,分别进行信息服务。FTP 站点创建好后,就可以通过创建虚拟目录将具有相关主体的信息文件发布到网上。创建 FTP 站点的操作步骤如下。

① 打开"Internet 信息服务"管理器窗口,展开服务器结点。右击"默认 FTP 站点",从弹出的快捷菜单中选择"新建"→"站点"命令,打开"FTP 站点创建向导"对话框的欢迎界面。

② 单击"下一步"按钮,打开"FTP 站点说明"对话框,如图 3-44 所示。在"说明"文本框中输入站点说明内容。

③ 单击"下一步"按钮,打开"IP 地址和端口设置"对话框,如图 3-45 所示。在"IP 地址"下拉列表框中选择或直接输入 IP 地址;在"TCP 端口"文本框中输入 TCP 端口值,默认值为 21。

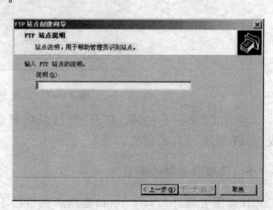

图 3-44　输入站点说明

④ 单击"下一步"按钮,打开"FTP 站点主目录"对话框,如图 3-46 所示。在"路径"文本

框中,输入主目录的路径,或单击"浏览"按钮,选择路径。

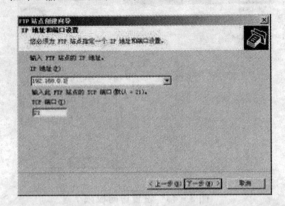

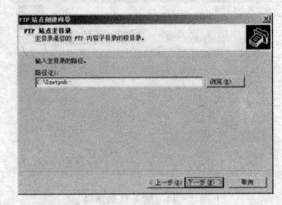

图 3－45　设置 IP 地址和端口　　　　　　　　图 3－46　输入站点主目录的路径

　　⑤ 单击"下一步"按钮,打开"FTP 站点访问权限"对话框,如图 3－47 所示。在"允许下列权限"选项区域中,设置主目录的访问权限。

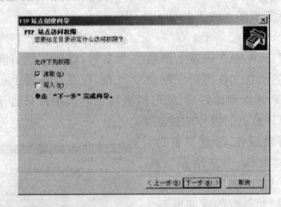

图 3－47　设置主目录的访问权限

　　⑥ 单击"下一步"按钮,打开"您已成功完成'FTP 站点创建向导'"对话框,然后单击"完成"按钮,完成站点的创建。

3.7.5　代理服务器的配置

　　代理服务器(proxy server)是指那些自己不能执行某种操作的计算机,通过一台服务器来执行该操作,该服务器即为代理服务器。代理服务器是伴随着 Internet 应运而生的网络服务技术,它可以实现网络的安全过滤、流量控制(减少 Internet 使用费)、用户管理等功能,因此代理服务器对家庭网络、小型企业网络的用户十分有用。它不但可以解决许多单位连接 Internet 引起 IP 地址不足的问题,还能加快客户机访问网络资源的速度,控制网络流量并节约上网成本,甚至还能作为初级的网络防火墙使用,隔断非法访问信息,阻止一般的黑客入侵本地局域网。

代理服务器能够实现的功能有共享上网、防火墙、用户管理和控制流量等。

1. 共享上网,节约 IP 地址

在连入 Internet 时,所有客户机都要申请一个 IP 地址,但 IP 地址的划分已不能满足用户对连入 Internet 的期望,如果使用代理服务器就可以解决这一矛盾。首先将需要连入 Internet 的计算机连成一个局域网,然后通过代理服务器连入 Internet,这样就可以使多台计算机共用 Internet 上的一个 IP 地址,即共用一个出口连入 Internet,这样就能够在最大限度上节约 IP 地址,同时也节省了公司、单位上网的费用。

2. 减少出口流量

许多用户使用代理服务器主要用来解决共享上网的问题,但它还有一个重要功能,就是减少单位出口流量。代理服务器为用户提供较大的高速缓存(cache),当一个客户机访问过 Internet 上的某些资源时,它就会将这些访问过的资源存入 cache 中,其他客户机需要浏览同样信息时,代理服务器会自动从 cache 中读取。因此,所有通过代理服务器的用户都能共享这些访问过的资源,这就可以大大提高客户机访问速度,减少本地结点的出口负载及流量,降低成本,提高经济效益。

3. 用户管理

若公司上网使用代理服务器,则可以在代理服务器上设置一些参数,对用户进行有效管理。可以针对不同用户开放不同的应用功能,设置用户使用权限,如 WWW,FTP,Telnet,E－mail等。也可在代理服务器中设置 QQ,ICQ 等网络应用软件的用户使用权限。还可以对 Internet 上的一些站点进行过滤,使用户只能访问某一 IP 地址段或某个域(domain)范围的信息。

4. 代理服务器的防火墙功能

防火墙技术是近几年开发并推广使用的一项网络安全新技术,它是在各个网络之间实施访问控制策略的一个系统,既能过滤非法信息流,又能允许合法信息流通。用代理服务器能在一定程度上实现防火墙功能。

上述为单位局域网上网使用代理服务器的用途。其实人们需要的代理服务器就是普通计算机上加装代理服务器软件,流行的有 WinGate,WinRoute,SyGate 等。这些软件都有各自的特点,本节中推荐使用 WinGate,不仅因为它的功能强大和全面,而且 WinGate 是老牌的代理服务器软件,国内用户众多,可以及时得到技术高手们的支持和帮助。

首先介绍一下 WinGate 的运行环境。WinGate 最佳平台为 Windows 2000,在 Windows 98 上虽可工作,但稳定性较差,而且无法解析机器名,只能显示 IP 地址,对实时监控管理来说不大方便。WinGate 的下载地址是 http://www.wingate.net/,软件安装很方便。重启后在状态栏会出现一个图标,蓝色表示正常工作,红色说明停止或异常出错。

（1）客户机浏览网页

此时 WinGate 代理服务已经可以工作了，只要拨号连接就能让局域网接入 Internet。如果想用 IE 浏览网页，以 IE 6.0 为例，只要选择"工具"→"Internet 选项"命令，在打开的对话框的"连接"选项卡中单击"局域网设置"按钮，在弹出的对话框中将代理服务器的 IP 地址填入，端口默认为 80（可以更改）就行了。

（2）E-mail 设置

众所周知，一般电子邮件收信使用 POP3（邮局协议 3）协议，而发信用 SMTP（简单邮件传输）协议。端口对应分别为 110 和 25，WinGate 同时提供对它们的支持，在 WinGate 主界面中切到"服务"列表，可以看到它列出了许多服务，其中就有 POP3 proxy server，端口默认也为 110。

以网易免费邮箱为例，设置 POP3 收信客户端。在邮件收件服务器中填入代理服务器的 IP 地址，用户名填写时要注意，输入格式为"用户名♯POP3 服务器地址"，例如 email♯pop3.163.com。如果代理使用非标准端口，可在"客户软件"、"高级选项"选项卡中更改。

WinGate 初始安装并不带 SMTP 服务，可以手工添加：在"服务"列表框空白处右击，选择"新的服务"→"SMTP 代理服务"命令，再双击 SMTP 代理服务，会弹出一个窗口，在"一般"选项卡中选中"支持通过 ISP 邮件服务器发送电子邮件"复选框，由于现在许多免费发信服务器都只发送本域内的邮件，对回复地址非本域的邮件都会自动退信，所以在这里可填入当地 ISP 的邮件地址，客户端只要将发信服务器改为代理服务器地址即可。

（3）QQ 聊天设置

有的用户说用 WinGate 作为代理服务器无法使用 QQ，其实设置十分简单：在 QQ 的"系统参数"、"代理设置"中选中"使用 Sock5 代理服务器"复选框，然后输入"代理服务器地址"，默认端口 1080 即可。Irc 聊天软件的设置方法同上，在"防火墙"选项卡中设置就行了。

（4）FTP 设置

FTP 的设置与 E-mail 设置类似，需要连接的 FTP 服务器地址使用代理服务器地址，用户名格式为用户名@pop3 服务器地址。

（5）流媒体播放设置

如今许多人上网都喜欢在线看电影，RealPlayer，QuickTime 等软件是必不可少的播放工具。不过要通过 WinGate 代理服务器上网，还需要做一些设置：在 QuickTime 中，需要在 streaming proxy 选项区域中将 sock 和 http 的地址输入，然后在 stream transport 中选择端口，在网络良好的情况下都能流畅地观赏影片。RealPlayer 中设置的方法为：在"代理服务器"中选择使用 PNA 服务器，填入代理服务器地址，端口默认为 1090。传输方式选"使用指定传输"，Rtsp 和 Pna 都选"只使用 http"。

（6）下载断点续传设置

以 GetRight 为例，在 GetRight 的 configuation，Internet-Proxy 中，选中"use proxy servers"复选框,下面分别填入 http,FTP 和 Sock 代理服务地址和端口,在 FTP 代理设置中选中 "use http protocol with FTP proxy server"复选框。

(7) 禁止访问受限站

在"禁止清单"中创建一个标准条件,规则为 http 地址,条件为包含,再加具体地址。这样每当此用户访问此站点时就会显示警告信息,并在 WinGate 的系统信息中记录在案。

(8) 禁止下载软件

由于现在网络可供下载的软件格式一般为 zip,exe,rar,因此可以在"禁止清单"中设置 3 个条件为"http 地址"、"结束"、具体地址"zip,exe 或 rar"的规则。这样就能有效地防止用户下载软件。

习　题

1. 填空题

(1) 网络分层分为_____、_____和_____ 3 层。

(2) 综合布线的特点有兼容性、_____、_____、_____和经济性。

(3) 综合布线综合布线系统可划分成 6 个子系统,工作区子系统、_____、_____、设备间子系统、_____和_____。

(4) RIP 使用_____来决定最佳路径。

(5) DNS 查询分为_____和_____两种。

2. 问答题

(1) 网络总体设计原则是什么?

(2) 中小型企业选择服务器的原则是什么?

(3) 什么是综合布线?

(4) 综合布线系统的优点是什么?

(5) 描述 DHCP 的工作原理。

(6) 简述创建虚拟目录的过程。

第 4 章 局域网接入 Internet

【本章要点】
➤ 掌握局域网接入 Internet 的方式
➤ 能使用 Internet 实现连接共享
➤ 能使用代理服务器共享 Internet
➤ 能使用 WinGate 共享 Internet

4.1 Internet 简介

Internet 译为国际互联网络,由遵循 TCP/IP(transmission control protocol / Internet protocol)的众多网络互联而成,现已覆盖世界 196 个国家和地区,拥有 4 000 多万个网络,连接主机近 12 000 万台,600 多个大型图书馆,400 多个学术文献库,500 多万个信息源,成为名副其实的跨越时空和地域的全球最大的计算机网络,又称"环球网"。

1. Internet 发展简史

20 世纪 70 年代初,美国国防部组建了一个名为 ARPAnet 的网络,其初衷是要解决传统网络中主服务器负担过重,一旦出问题,全网都要瘫痪的问题。于是基于网络总是不安全的这一假设,设计了 Client/Server 模式和 IP 地址通信技术。80 年代初,以太网技术开始发展,一些与 ARPAnet 有关的以太局域网开始应用 IP 地址技术与 ARPAnet 互联。80 年代后期,美国国家科学基金会(NFS)在 5 所大学中设立了 5 个超级服务器,并在不久后建成了 SFNET,为达到资源共享的目的,NSFNET 引用了 ARPAnet 的互联技术。NSFNET 运行后,效果非常好,很快就需要扩容。1947 年,NSF 委托 Merit Network,Inc. ,IBM 和 MCI 等公司对 NSF-NET 进行维护和扩容。90 年代,商家开始介入,Internet 进入了迅猛发展的时期,并在很短的时间里演变成覆盖全球的国际性的互联网络。

2. Internet 的功能

从功能方面看,Internet 有两大用处:其一,通信,使用电子邮件通信,速度快、费用低,特别适合国际间通信量大的用户使用;其二,信息双向交流,Telnet,FTP,Gopher,News,WWW,都是 Internet 检索和发送信息的良好工具。特别是 WWW,能够以超文本链接和多媒体的方式展示信息,成为当今 Internet 最为人称道的功能。目前,Internet 网络中包含的信息涉及生活和工作的各个领域,含量大,而且绝大部分可以免费阅览,已成为继电视、广播和报纸之后的第四种媒体——数字媒体。

China Net 是 Internet 在中国的延伸,名为中国公用 Internet 网,由电信部经营和管理。目前,China Net 骨干网已经建成,联通 30 个主要省会城市,网管中心和国际出口设在北京电信管理局,出口速率为 4 Mbit/s,现有用户 15 万。

Internet 是客户和服务器(Client/ Server)的工作模式,数据在网络中传输遵循 TCP/IP 协议,通过调制解调器将接收和发送的数据进行模拟和数字信号之间的转换,再通过电话线路、光纤和卫星等介质传输。

Electronic Mail——电子邮件(electronic E－mail)是网络用户之间实现快速、简便、高效和价廉通信的工具。与国内、国际长途电话的费用相比,电子邮件可以大大降低用户国际间的通信费用,因而受到广大用户的喜爱,E－mail 也就成为 Internet 诸项功能中使用频率最高的一个。

4.2　局域网接入 Internet 方式

随着 Internet 的发展,越来越多的人开始接触网络,进入 Internet。局域网接入 Internet 的方式有多种,对于大、中型局域网来说,通常使用交换机、路由器或专线连接 Internet;对于小型局域网、家庭用户来说,通常使用拨号入网、ADSL 宽带入网和专线入网 3 种。

4.2.1　局域网拨号入网

计算机拨号上网,需要以下两个步骤。

① 安装 modem 和 modem 驱动程序。

② 安装网络协议。

1. 安装调制解调器

调制解调器俗称"猫",它的作用是在计算机与互联网之间拨入电话号码并处理数据的传输。调制解调器将计算机中的数据代码转换成可以在电话线上传输的高调制音频信号(称为"调制"),位于另一端的互联网服务提供商(internet service provider,ISP)计算机的调制解调器再将该音频信号转换为计算机数字信号(称为"解调")。

安装调制解调器时,首先应将调制解调器与计算机及电话网、电话机连接起来(如图 4－1

图 4－1　调制解调器与计算机的连接示意图

所示),再打开调制解调器的电源开关,然后启动计算机并安装调制解调器的驱动程序。

安装调制解调器驱动程序的操作步骤如下。

① 在桌面上单击"开始"→"设置"→"控制面板"命令,打开"控制面板"窗口,如图 4 - 2 所示。

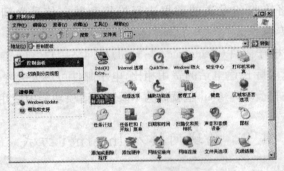

图 4 - 2 "控制面板"窗口

② 在"控制面板"窗口中双击"电话和调制解调器选项"图标,打开"电话和调制解调器选项"对话框,如图 4 - 3 所示。

③ 在"调制解调器"选项卡中单击"添加"按钮,打开"添加/删除硬件向导"对话框,选中"不要检测我的调制解调器,我将从列表中选择"复选框,如图 4 - 4 所示。

④ 单击"下一步"按钮,打开如图 4 - 5 所示的对话框。单击"从磁盘安装"命令,可以从硬件所带的驱动盘中选择所需的驱动程序,然后根据对话框提示的信息完成安装。

⑤ 如果不选择"从磁盘安装",用户可根据实际情况,从对话框中选择与所用调制解调器相符的型号。然后单击"下一步"按钮,在弹出的对话框中选择 COM2 端口,如图 4 - 6 所示。

⑥ 单击"下一步"按钮,打开如图 4 - 7 所示的对话框,提示用户 Windows 正在安装解制解调器。

图 4 - 3 "电话和调制解调器选项"对话框

⑦ 等待一段时间后,系统将弹出如图 4 - 8 所示的对话框,提示用户已经成功地安装了调制解调器。

⑧ 在对话框中单击"完成"按钮,返回到"电话和调解制解调器选项"对话框。在"本机安装了下面的调制解调器"列表框中列出了安装的调制解调器,如图 4 - 9 所示。

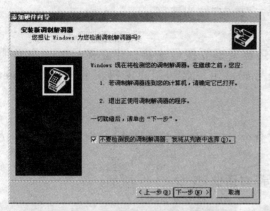

图 4-4　"安装新调制解调器"对话框

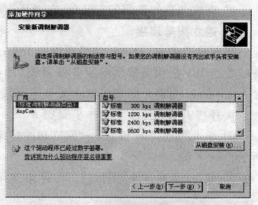

图 4-5　选择调制解调器的类型

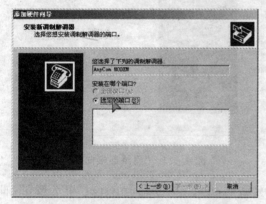

图 4-6　选择调制解调器所使用的端口

图 4-7　"安装调制解调器"对话框

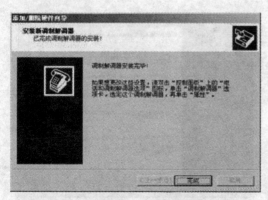

图 4-8　成功完成调制解调器的安装

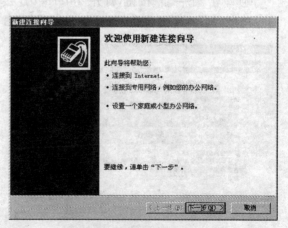

图 4-9　"调制解调器"选项卡

⑨ 完成调制解调器的安装后,在对话框中单击"确定"按钮即可。

2. 建立拨号连接

调制解调器安装好后,如果要接入 Internet,还需要建立拨号连接。建立拨号时用户必须有一个由 ISP 提供商提供的服务器号码(即拨号号码)、用户名和用户密码。下面以 263. net 接入 Internet 为例介绍如何建立拨号连接。

拨号接入 Internet 的操作步骤如下。

① 单击"开始"→"设置"→"网络和拨号连接"命令,打开"网络和拨号连接"窗口,如图 4-10 所示。

② 双击"新建连接"图标,打开"网络连接向导"对话框,如图 4-11 所示。

图 4-10 "网络和拨号连接"窗口

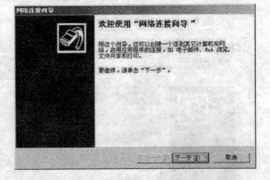

图 4-11 "网络连接向导"对话框

③ 单击"下一步"按钮,打开"网络连接类型"对话框,单击"拨号到 Internet"单选按钮,如图 4-12 所示。

④ 单击"下一步"按钮,打开"Internet 连接向导"对话框,单击"手动设置 Internet 连接或通过局域网(LAN)连接"单选按钮,如图 4-13 所示。

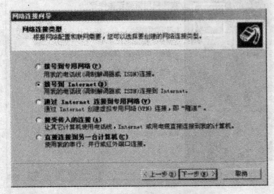

图 4-12 选择网络连接类型

图 4-13 手动设置 Internet 连接

⑤ 单击"下一步"按钮,在打开的对话框中单击"通过电话线和调制解调器连接"单选按钮,如图 4-14 所示。

⑥ 单击"下一步"按钮,在弹出的对话框中输入区号、电话号码和国家(地区)名称和代码等信息,如图 4-15 所示。

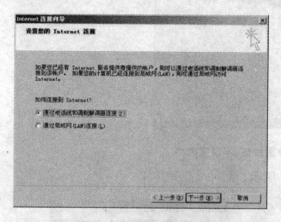

图 4-14　选择连接方式

图 4-15　输入通过拨号连入 ISP 所用的电话号码

⑦ 单击"下一步"按钮,在打开的对话框中输入用户名和密码,如图 4-16 所示。

⑧ 单击"下一步"按钮,在打开的对话框中输入连接名,如图 4-17 所示。

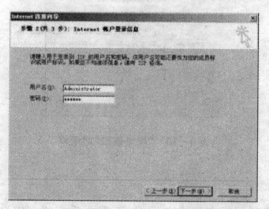

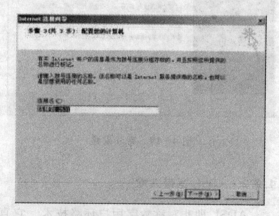

图 4-16　输入用户名和密码

图 4-17　输入连接名

⑨ 单击"下一步"按钮,在打开的对话框中单击"否"单选按钮,如图 4-18 所示。

⑩ 单击"下一步"按钮,此时将打开"Internet 连接向导运行完毕"对话框,如图 4-19 所示。

注意:如果在"Internet 连接向导运行完毕"对话框中选中"要立即连接到 Internet,请选中此复选框,然后单击'完成'"复选框,可立即连接到 Internet。此时将打开"拨号连接"对话

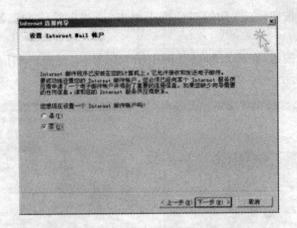

图 4 - 18 单击"否"单选按钮,不设置账户

框,单击"连接"按钮,即可进行连接,如图 4 - 20 所示。

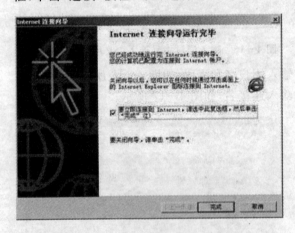

图 4 - 19 完成设置

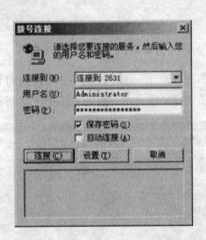

图 4 - 20 "拨号连接"对话框

4.2.2 ADSL 宽带入网

ADSL 即非对称数字用户环路技术。它直接利用现有用户电话线,不需要重布线。安装简单,只需要在普通电话线上加装 ADSL modem,在计算机上安装网卡即可,在一条电话线上分别传送数字信号,上网与打电话可以同时进行。

个人用户 ADSL PPPOE 方式宽带上网安装步骤(以 Windows 98 为例进行配置)如下。

1. 安装网络适配器(即网卡)

现在大部分主板已经集成网卡,故不需要单独安装网卡。但对于没有集成网卡的主板来说必须单独安装。网卡安装方法:安装网卡与安装内置 modem 类似,在关闭计算机电源的情况下打开机箱,将网卡插入计算机主板的 PCI 插槽,再将机箱装好。打开计算机电源,系统会自动检测到新硬件(即网卡),然后自动搜索网卡的驱动程序,按照系统的提示和网卡说明书的描述,将带有驱动程序的光盘放入计算机的光驱中,选择正确的网卡驱动程序后,计算机会确认并安装(需要重启计算机)。

　　安装网卡后,在计算机的"控制面板"→"系统"→"设备管理器"→"网络适配器"选项中显示网卡存在并工作正常。另外在计算机桌面上会出现"网上邻居"图标,右击"网上邻居"图标,再选择"属性"命令,在弹出的"网络连接"窗口中的"本地连接"图标上右击选择"属性"命令,在弹出的"本地连接属性"对话框中可以看到网卡已经正确显示,如图 4-21 所示。

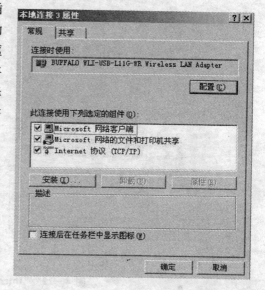

图 4-21 "本地连接属性"对话框

2. 连接信号分离器(又称滤波器)、ADSL modem 和计算机

　　首先,将电信公司接入的电话线插入信号分离器的 line 端口,然后用一条电话线将信号分离器的 phone 端口与电话机相连,接着用另一条电话线将信号分离器的 modem 端口与 ADSL modem 的 line 端口相连,然后用网线将 ADSL modem 的 Ethernet 端口(以太端口)与计算机的网卡相连,最后接入 ADSL modem 的电源。

　　打开 ADSL modem 和计算机电源,几分钟后如果 ADSL modem 上外线指示灯(wan 灯或 link 灯)、计算机连接指示灯(Ethernet 灯或 PC 灯)都正常发亮,则表示外线及设备连接已经正常。

3. 网络配置

　　① 安装 TCP/IP。如图 4-21 所示,一般情况下 TCP/IP 默认是安装好的,如果没有安装可以在对话框中单击"安装"按钮,选中"Internet 协议"项进行安装。安装好协议后双击"Internet 协议"选项,弹出图 4-22 所示对话框。这里不使用静态 IP 地址[如图 4-22(a)所示],单击"自动获取 IP 地址"单选按钮和"自动获得 DNS 服务器地址"单选按钮[如图 4-22(b)所示]。单击"确定"按钮即完成网络配置。

　　② 下载并安装 PPOE 软件 EnterNet 300(使用 Windows XP 的用户不需要下载,因为 Windows XP 自带 PPOE 功能)。

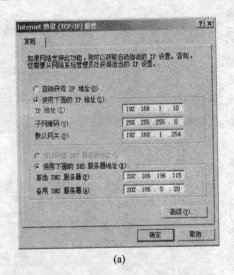

(a)

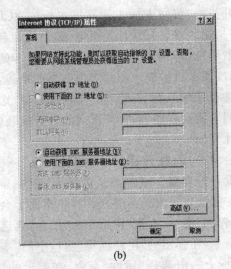

(b)

图 4-22　"Internet 协议属性"对话框

③ 安装完 EnterNet 300 后在桌面上会出现 EnterNet 300 图标,双击运行后打开如图 4-23 所示的界面。

④ 双击"建立新配置文件"图标开始建立新连接,并为新建的连接命名,如图 4-24 所示。

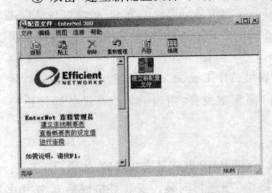

图 4-23　EnterNet 300

图 4-24　建立新连接

⑤ 在图 4-24 所示的窗口中输入要建立的连接名称 pppoe 后(可以随意输入名称),单击 "下一步"按钮打开如图 4-25 所示的对话框。

⑥ 在 3 个文本框中依次输入用户名、密码、确认密码(用户名和密码均为电信公司提供), 然后单击"下一步"按钮,打开如图 4-26 所示的对话框。

⑦ 继续单击"下一步"按钮直至系统提示已经成功建立一个新的连接。单击"完成"按钮 后打开如图 4-27 所示的窗口。

图 4-25　输入用户名和密码　　　　　　图 4-26　服务器定位窗口

⑧ 在此窗口中可以看到创建的新连接 pppoe 图标,双击此图标进行联网,如图 4-28 所示。

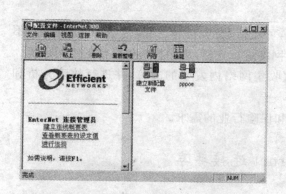

图 4-27　创建的新连接　　　　　　　图 4-28　EnterNet 登录窗口

⑨ 单击"连接"按钮,即可验证通过并接入 ADSL 宽带网。

4.2.3　专线入网

通常所说的专线入网指的是 DDN 专线入网,DDN 即数字数据网,是利用数字传输通道(光纤、数字微波、卫星)和数字交叉复用结点组成的数字数据传输网(如图 4-29 所示)。可以为用户提供各种速率的高质量数字专用电路和其他新业务,以满足用户多媒体通信和组建中高速计算机通信网的需要。

DDN 专线的特点:采用数字电路,传输质量高,时延小,通信速率可根据需要选择;电路可以自动迂回,可靠性高。

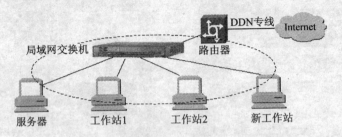

图 4-29　局域网通过 DDN 专线连接 Internet

用户与 DDN 的连接方式有 5 种:通过 modem 接入 DDN;通过 DDN 的数据终端设备接入 DDN;通过用户集中器接入 DDN;通过模拟电路接入 DDN 和通过 2.048 Mbit/s 数字电路接入 DDN。

采用点对点专用电路(专用数字通信信道)是 DDN 最典型和最主要的应用。DDN 采用热冗余技术,具有路由故障自动迂回功能。DDN 还有较完善的网络管理系统,具有对网端单元进行远程监控、回路测试等功能,充分保护了用户的通信质量。

DDN 专线接入的主要优点如下。

① 透明的传输网,传输速率高,网络延时小,可支持数据、语音、图像传输等多种业务,不仅可以和客户终端设备进行连接,还可以和用户网络进行连接,为用户提供灵活的组网环境。

② 采用的图形化网络管理系统可以实时地收集网络内发生的故障,并进行故障分析和定位。

③ DDN 专线通信保密性强,特别适合金融和保险行业的需求。

4.3　使用 Internet 连接共享

本节主要介绍如何在 Microsoft Windows XP 操作系统中设置和使用 Internet 连接共享。利用 Internet 连接共享功能,可以让多台联网计算机共享一个 Internet 连接。要使用 Internet 连接共享功能来共享 Internet 连接,主机上必须配置两个网络适配器:一个连接内部网络,另一个连接 Internet(也可以使用调制解调器连接)。接下来介绍一下具体的配置方法和步骤。

4.3.1　运行 Windows XP 操作系统的服务器端

由于实现共享上网的网络结构有很多种,不能一一列举,所以在此只选取了一种典型的网络结构来介绍 Windows XP 的 Internet 连接共享。该局域网内多于两台 PC,Internet 接入方式为宽带接入,网络拓扑结构如图 4-30 所示。

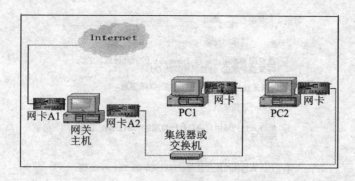

图 4 - 30　网络拓扑结构

其中,网关主机装有两个网卡,其中网卡 A1 通过 ADSL,cable modem 或以太网口等宽带方式接入 Internet;网卡 A2 跟集线器或交换机相连,与 PC1 和 PC2 处于同一局域网内。PC1 和 PC2 各装有一个网卡跟集线器或交换机相连,在局域网内,通过共享网关主机的 Internet 连接来上网。如果局域网内增加了 PC,只需把新 PC 接到集线器或交换机上就可上网。

1. 网关主机的设置

操作系统是 Windows XP,单击"开始"→"控制面板"命令,在打开的窗口中,双击"网络连接"图标,就会看到两个网卡的连接图标,如图 4 - 31 所示。

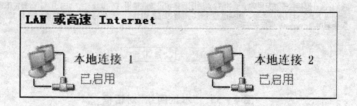

图 4 - 31　网卡连接状态

"本地连接 1"即网卡 A1,与 Internet 连接;"本地连接 2"即网卡 A2,连接局域网。"本地连接 1"的 TCP/IP 设置应视不同的宽带接入方式而不同,可以是自动获取 IP 地址和 DNS,也可以配固定 IP 地址和 DNS(由 ISP 提供),用户应按照具体的连接方式进行相应的配置。

下面就要实现共享 Internet 连接,右击"本地连接 1"→"属性"命令,在打开的对话框的"高级"选项卡中,选中"Internet 连接防火墙"和"Internet 连接共享"选项区域的 3 个复选框,如图 4 - 32 所示。

单击"设置"按钮,此时会弹出一个对话框(如图 4 - 33 所示),提示会改变另一网卡的 TCP/IP 设置,单击"是"按钮。

这样就可以启用共享 Internet 连接,网卡就变成如图 4 - 34 所示的图标。

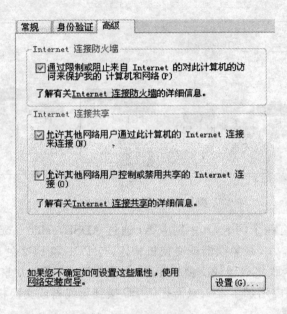

图 4-32 本地连接 1 属性

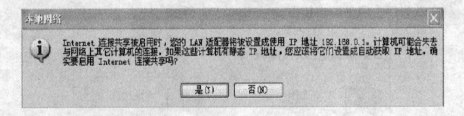

图 4-33 "本地网络"对话框

图 4-34 共享 Internet 连接示意图

接下来查看"本地连接 2"的 TCP/IP 设置,右击"本地连接 2"图标,选择"属性"命令,在弹出对话框中,选中"Internet 协议(TCP/IP)"复选框,单击"属性"按钮,看到 IP 地址被系统设置为 192.168.0.1,如图 4-35 所示。

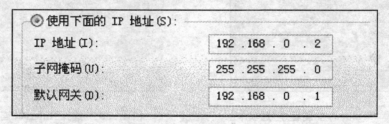

图 4 - 35　本地连接 2 属性

上例中的 IP 地址是可改变的,根据该局域网的使用者的具体要求而定,在本例中不作修改,单击"取消"按钮退出此对话框。网关主机的设置完成,已经共享了 Internet 连接并有防火墙功能,可保护整个局域网内的所有机器不被非法访问。

2. 局域网内 PC1 的配置

本网络内主机操作系统可以是任意的,除了 Windows 系列,还可以是 Linux 或 UNIX,只要设置相应网卡的 IP 地址、子网掩码、默认网关和 DNS。IP 地址设为与网关主机网卡 A2 处于同一子网的地址,但不能重复,子网掩码跟网关主机网卡 A2 一样,默认网关和 DNS 设为网关主机的网卡 A2 的 IP 地址。如果是 Windows XP 系统,可按图 4 - 36 进行设置。单击"确定"按钮后,打开 IE 就可以上网了,当然前提是网关主机已经连接上 Internet。

图 4 - 36　本地连接 2 IP 配置

3. 局域网内 PC2 的配置

PC2 的设置跟 PC1 基本相同,只是 IP 地址不同,如本例 PC1 的 IP 地址是 192.168.0.2,那么 PC2 的 IP 地址就可以设为 192.168.0.3,只要是本子网内没用过的 IP 地址都可以。

通过上述配置，就可以顺利实现运行 Windows XP 操作系统的服务器端共享 Internet 上网，除此之外，还可以对网关主机内的防火墙进行配置，以达到实现内部网络安全的目的。

4.3.2 运行 Windows 2000 Server 操作系统的服务器端

在 Windows 2000 中，系统内置了 Internet 连接共享功能，因此，可以非常方便地实现局域网共享上网。

1. 设置服务器端

在设置服务器端的 Internet 的连接共享时，必须在服务器上创建 Internet 连接，然后将选定的连接设置为共享即可。

（1）安装和设置"Internet 连接共享

① 单击"开始"→"设置"→"控制面板"命令，打开"控制面板"窗口。双击"添加/删除程序"图标，打开"添加/删除程序"窗口，并单击"添加/删除 Windows 组件"图标。

② 在"组件"列表中选中"Internet 工具"复选框，如图 4-37 所示。

③ 单击"详细资料"按钮，在打开的"Internet 工具"对话框的"组件"列表中选中"Internet 连接共享"复选框，如图 4-38 所示。

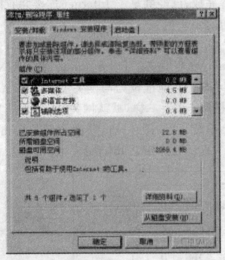

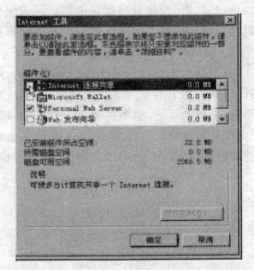

图 4-37　"Windows 安装程序"选项卡　　　图 4-38　选择"Internet 连接共享"

④ 单击两次"确定"按钮，系统要求插入 Windows 第 2 版的安装光盘。当插入安装光盘后，单击"确定"按钮，系统开始复制所需的文件，如图 4-39 所示。

⑤ 当文件复制结束后，将弹出"Internet 连接共享向导"对话框，如图 4-40 所示。

⑥ 单击"下一步"按钮，打开如图 4-41 所示的对话框。如果该计算机是通过 modem 或 ISDN 拨号上网，则单击其中的"拨号连接"单选按钮，如果是通过 ADSL 或内部局域网上网，

可单击"高速连接"单选按钮。在此单击"拨号连接"单选按钮。

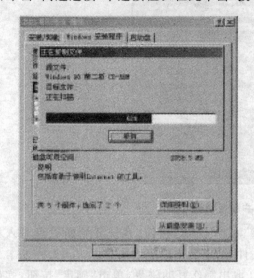

图 4-39　复制文件

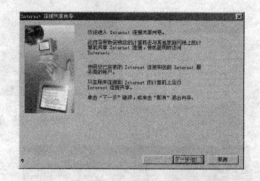

图 4-40　"Internet 连接共享向导"对话框

⑦ 单击"下一步"按钮,打开如图 4-42 所示的对话框,在"网络适配器"列表中选择使用的网络适配器。

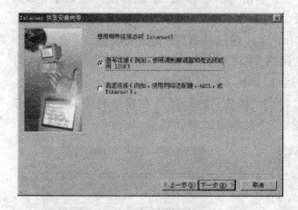

图 4-41　选择连接方式

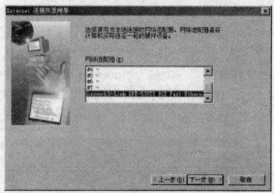

图 4-42　选择网络适配器

⑧ 单击"下一步"按钮,提示用户 Internet 连接共享将创建用户配置磁盘,如图 4-43 所示。

⑨ 在软驱中插入一张已经格式化过的磁盘,单击"下一步"按钮,打开如图 4-44 所示的对话框。

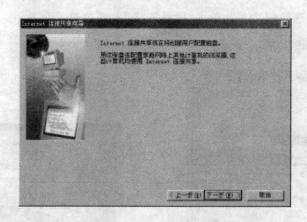

图 4-43　创建用户配置磁盘

图 4-44　"插入磁盘"对话框

⑩ 单击"确定"按钮，系统开始向磁盘写入相关的文件，结束后出现提示信息。

⑪ 取出制作好的磁盘，单击"确定"按钮，弹出如图 4-45 所示的对话框，提示 Internet 连接共享具有完成配置所需的全部信息。

⑫ 单击"完成"按钮，系统弹出一个对话框，提示用户必须重新启动计算机才可使新设置生效。

⑬ 单击"是"按钮，重新启动计算机，完成"Internet 连接共享"的安装和设置。

⑭ "Internet 连接共享"安装成功后，进入"网络"对话框，在"已经安装了下列网络组件"列表中将会出现一个名为"Internet 连接共享"的组件，如图 4-46 所示。

⑮ 在选中了"Internet 连接共享"复选框后，单击"属性"按钮，然后在弹出的对话框中单击"绑定"标签，则可以看到在"绑定"选项卡中显示了已被绑定的协议名称，如图 4-47 所示。

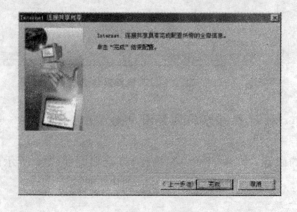

图 4-45　完成设置

图 4-46　显示"Internet 连接共享"组件

（2）设置服务器端的 Internet 连接共享

① 在桌面上右击"网上邻居"图标，从弹出的快捷菜单中选择"属性"命令，打开"网络和拨号连接"窗口，如图 4－48 所示。

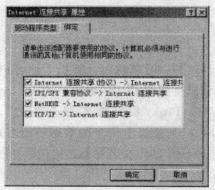

图 4－47　"绑定"选项卡

图 4－48　"网络和拨号连接"窗口

② 右击所创建的连接，从弹出的快捷菜单中选择"属性"命令，打开"连接到 2631 属性"对话框，并切换到"共享"选项卡，如图 4－49 所示。

③ 选中"启用此连接的 Internet 连接共享"复选框，然后单击"确定"按钮。

2. 设置客户端

在运行 Windows 2000 Server 的局域网中，通常包含 Windows 98/2000 等客户机。当 Windows 2000 服务器启用了 Internet 连接共享时，客户端不需要任何设置，就可以连接到 Internet。此时应注意以下几点。

① 客户机的 IP 地址必须设置为自动获取，并且不需要设置网关。

② 在"局域网（LAN）设置"对话框中，应取消所有复选框，如图 4－50 所示。

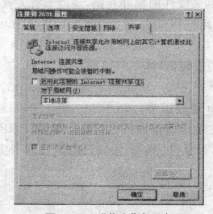

图 4－49　"共享"选项卡

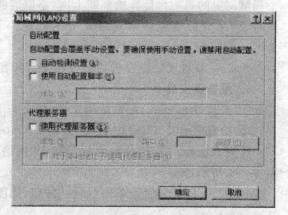

图 4－50　局域网（LAN）设置对话框

4.4　使用代理服务器共享 Internet

4.4.1　代理服务器

1. 代理服务器 Proxy 的概念

普通的因特网访问是一个典型的客户机与服务器结构：用户利用计算机上的客户端程序，如浏览器发出请求，远端 WWW 服务器程序响应请求并提供相应的数据。而 Proxy 处于客户机与服务器之间，对于服务器来说，Proxy 是客户机，Proxy 提出请求，服务器响应；对于客户机来说，Proxy 是服务器，它接受客户机的请求，并将服务器上传来的数据转给客户机。它的作用很像现实生活中的代理服务商。因此 Proxy Server 的中文名称就是代理服务器。

2. 代理服务器的工作机制

代理服务器的工作机制就像生活中常常提及的代理商，假设用户的机器为 A 机，需要访问的数据由服务器 B 提供，代理服务器为 C，具体的连接过程如下所述。

首先，A 机需要 B 机的数据，A 机直接与 C 机建立连接，C 机接收到 A 机的数据请求后，与 B 机建立连接，下载 A 机所请求的 B 机上的数据到本地，再将此数据发送至 A 机，完成代理任务。

4.4.2　使用 SyGate 共享 Internet

很多网吧、办公室或个人家中都通过一个 modem 和一个 ISP 账号来把整个局域网连入 Internet，这种连接方式除了要配备 modem 和网络设施外，还需要一套代理服务器（Proxy Server）软件，由它来"把守"出口，完成数据转换和中继的任务。此类常用的代理软件主要有 WinGate，SyGate，WinRoute 等。只用一个 modem、一条电话线和一个上网账号，就能够让整个局域网里的每一台计算机都能上网，不但能够免去购买硬件的额外开销，还能节省大量的电话费，网络资源也能够得到最充分的利用。下面介绍一下如何使用 SyGate 共享 Internet 上网。

SyGate 软件安装主要包括服务器安装和客户机的安装，具体介绍如下。

1. 服务器安装

① 安装好 modem，配置好浏览器，确定与 Internet 连接正常。

② 检查网卡及 TCP/IP 设置，安装 SyGate 软件之前应确定该机已正确配置 TCP/IP。

检查方法是：打开"控制面板"，双击"网络"图标，确认 TCP/IP 协议已绑定在网卡上（如图 4-51 所示）。

选中"TCP/IP"项后，单击"属性"按钮，如图 4-52 所示。

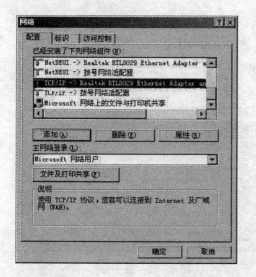

图 4－51　TCP/IP 协议安装

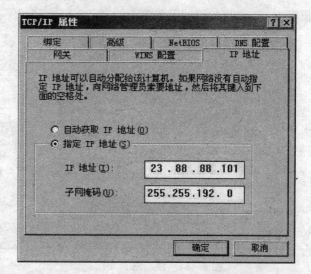

图 4－52　TCP/IP 协议属性

　　单击"指定 IP 地址"单选按钮，输入 IP 地址为 23.88.88.101，子网掩码为 255.255.192.0（实际使用中可根据情况自行设定）。

　　③ 运行 SyGate 4.0 安装程序。双击下载的 SyGate.exe 程序，重复单击 NEXT 按钮之后，将打开如图 4－53 所示的对话框，询问是以服务器模式（server mode）还是以客户机模式（client mode）安装软件。由于局域网中所有的计算机都要通过主机才能连入 Internet，因此应该选择服务器模式（server mode）。

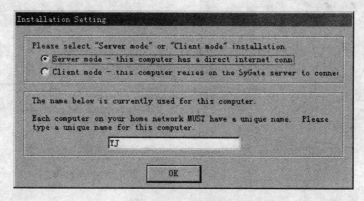

图 4－53　安装设置

　　安装好后需要重新启动计算机，系统提示需要注册码（如图 4－54 所示）。如果没有注册，就只能选中"I am a Trial User"，并在"Trial Key"文本框中输入软件作者提供的试用号码 H1001001（如图 4－55 所示）复选框。之后 SyGate Server 的安装就完成了。此后每次打开主机时 SyGate 服务器的引擎都会自动运行。

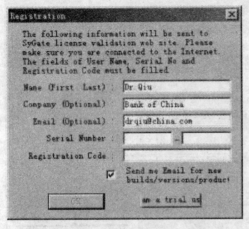

图 4-54　注　册

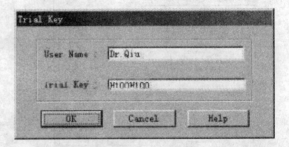

图 4-55　注　册

2. 客户机的安装

① 检查网卡及 TCP/IP 设置,安装 SyGate 软件之前应确定该机已正确配置 TCP/IP(本例中 IP 地址设为 23.88.88.33,子网掩码设为 255.255.192.0)。

② 将网关和 DNS 的地址设为 23.88.88.101(Server 的 IP 地址),如果在使用中发现无法正常使用(无法将字母域名转换为数字域名),也可将 ISP 所提供的 DNS 地址加入 DNS 列表(如图 4-56、图 4-57 所示)。

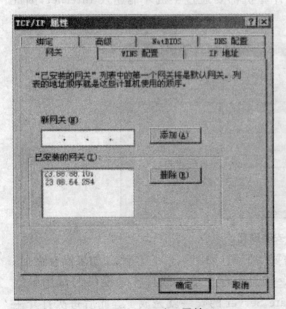

图 4-56　TCP/IP 属性

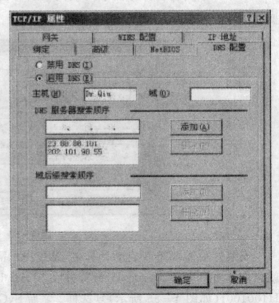

图 4-57　TCP/IP 属性

③ 运行 SyGate. exe 程序,选择客户机模式(client mode)完成安装。

此后,每次启动计算机时客户机上的 SyGate Client 引擎也会自动运行,并且在屏幕的右下角的系统托盘区可以看到 SyGate 的小标志,把光标移动到它上边点右键可以对其属性进行设置。

④ 每次启动服务器时,服务器端 SyGate 启动后在系统托盘区显示小图标,双击这个图标即可打开如图 4-58 所示的管理界面。

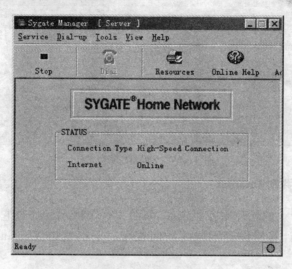

图 4-58 管理界面

确定 SyGate 服务器已经连上 Internet 且局域网连接正常后,在客户机端选择 SyGate 右键菜单中的 Diagnostics 命令,此时客户机会在整个网络中查找 SyGate 服务器并记录它的位置(IP 地址),成功后弹出如图 4-59 所示的对话框。

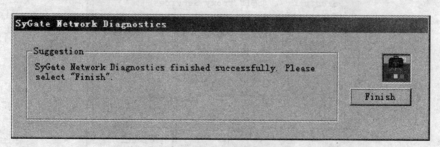

图 4-59 查找 SyGate 服务器

到此为止,SyGate 服务器和客户机端的设置已经完成,这相对于以 WinGate 等为代表的代理服务器软件的使用来说要简单许多。如果客户机要上网,例如通过 IE 浏览网页、通过"网络蚂蚁"下载软件以及使用 OICQ 聊天等，只需要像有 modem 的机器那样操作就可以。

⑤ 高级配置。在图 4-58 的窗口上有一个"Advanced"按钮，用于在"简单模式"和"高级模式"的管理界面之间切换。在"高级模式"下可以设置防火墙以防止黑客入侵，设置客户机对 Internet 站点的访问权限（例如过滤掉某些宣扬反动言论或是有不健康内容的站点），监视每一台通过 SyGate 连接 Internet 的客户机的状态，设置黑名单等（如图 4-60 所示）。

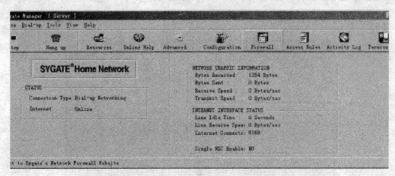

图 4-60　SyGate 控制台

4.4.3　使用 WinGate 共享 Internet

WinGate 是一个专业的代理服务器软件（如图 4-61 所示），通过它不仅能够共享调制解调器，还可以为不同的计算机设置不同的访问权限。下面就以 WinGate 3.0 为例来讲解其用法。

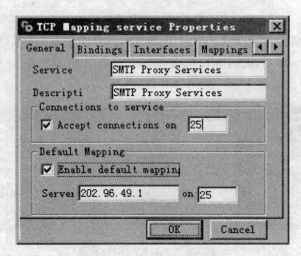

图 4-61　WinGate 控制台

单击"开始"→"程序"→"WinGate"→"GateKeeper"命令，就打开了 WinGate 的主控程序 GateKeeper。它是 WinGate 的主控程序，在 GateKeeper 中，可以设置 WinGate 的各种服务项

目和对用户进行管理。

1. GateKeeper 简介

GateKeeper 的窗口主要分为 3 部分,窗口的上端是菜单和工具栏;左端是设置栏,在这里可以对 WinGate 提供的各项服务进行管理,同时列出了它提供的各种服务的名称和相应的端口号;右端是一个监视器,它能把每一台客户机的详细上网情况进行显示。

2. 客户机的设置

完成 WinGate 服务器端设置后,客户端要怎样设置才能通过装有 WinGate 的计算机上网呢? 为了避免局域网内的计算机的 IP 地址和 Internet 上的其他计算机相同而产生冲突,把局域网内的 IP 限制为 192.168.0.0～192.168.0.255,而在 Internet 上则不使用这个范围内的 IP,这样连入 Internet 后就不会和别的计算机产生冲突。通常把安装有 WinGate 的那台计算机的 IP 设为 192.168.0.1。

3. 设置网络属性

在 WinGate 的客户端要连入 Internet,需要进行相应的设置。

首先要设置网络属性。右击桌面上的"网上邻居"图标,从弹出菜单中选择"属性"命令,确保在"网络组件列表"中已经安装 TCP/IP。然后双击网络属性窗口中的 TCP/IP 项,在 TCP/IP 属性窗口的"IP 地址"选项卡中有"自动获得 IP 地址"和"指定 IP 地址"两个单选按钮,这里单击"自动获得 IP 地址"单选按钮,但有的 WinGate 版本中没有 DHCP,不支持自动分配 IP 地址,因此最好在此处为计算机指定一个 IP 地址。单击"指定 IP 地址"单选按钮,然后在"IP 地址"文本框中输入一个 IP,要注意,这个 IP 不能和别的计算机的 IP 相同,必须是一个空的 IP,再在下面的"子网掩码"文本框中填写 255.255.255.0,如图 4 - 62 所示。填完后单击"确定"按钮,再单击一下"确定"按钮关闭网络属性窗口。系统提示重新启动后,网络属性设置完成。

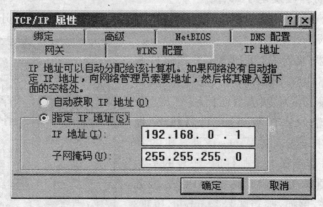

图 4 - 62　IP 地址设置

4. 设置代理服务器

设置网络属性完成后,并不能上网,还需要为第一个连入 Internet 的软件设置代理服务器。打开 IE 浏览器,然后单击"查看"菜单,从中选择"Internet 选项"命令。在弹出的"Internet 选项"对话框中单击"连接"标签,如图 4-63 所示。

单击"通过局域网连接到 Internet"单选按钮,然后,选中"通过代理服务器连接到 Internet"复选框,再单击"高级"标签,在这个"代理服务器设置"对话框中列出了浏览器所能用到的各种服务类型,需要按照 WinGate 中的设置来设置代理服务器地址和端口,代理服务器一般都输入装有 WinGate 的计算机的 IP 地址,而端口则根据不同的项输入相应的值。输入完成后单击"确定"按钮,如图 4-64 所示。

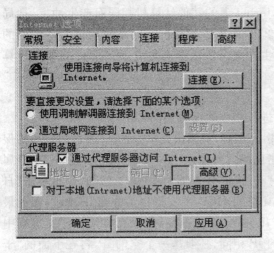

图 4-63 "Internet 选项"对话框

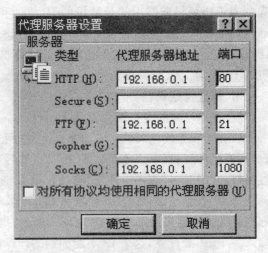

图 4-64 "代理服务器设置"对话框

5. 通过代理服务器收发电子邮件

打开邮件程序 Foxmail,从它的"工具"菜单中选择"选项"命令,打开 Foxmail 的设置窗口。如图 4-65 所示。

单击"邮件服务器"图标,这里列出了发送邮件服务器(SMTP)、接收邮件服务器(POP3)、邮箱账号、密码等项。发送邮件服务器可以填写任何一个 SMTP 服务器的地址,这里输入装有 WinGate 计算机 IP 地址,接收邮件服务器中也输入装 WinGate 计算机的 IP 地址。通过代理服务器接收电子邮件时,账号的写法比较特殊,要把邮件账号和提供此邮箱的 POP3 服务器地址用#连接起来,例如,邮箱账号是 mrzlg,POP3 服务器地址是 pop.163.net,则在账号文本框中输入 mrzlg#pop.163.net。填好后单击"确定"按钮,就可以收发邮件。其实接收电子邮件时代理服务器的设

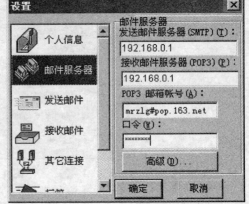

图 4-65 "Foxmail 设置"对话框

置比较特殊,其他服务中代理服务器的设置基本都和 IE4 中的方法相同,只要把服务器写成装有 WinGate 的计算机 IP 地址,再把端口换成 WinGate 中相应的端口就可以。

4.5 课程设计 2:通信协议和 IP 地址的配置

4.5.1 实验目的

访问因特网必须安装 TCP/IP,而 NetBEUI 是局域网协议,本实验通过卸载和安装 TCP/ IP 和 NetBEUI 协议,让学生了解这些协议在因特网和局域网访问中的重要作用。

访问因特网的计算机必须有合法的 IP 地址,而 IP 地址的获得可以通过自动获取(必须有 动态地址分配的 DHCP 服务器)或指定 IP 地址实现。本实验通过配置 IP 地址、网关、DNS, 使学生掌握 Windows 95/98 操作系统中 IP 地址的配置方法。

4.5.2 实验环境

安装 Windows 98 操作系统的计算机,并可访问因特网;Windows 98 安装盘。

4.5.3 实验内容

1. 通信协议的配置

① 删除 TCP/IP 和 NetBEUI 协议:右击桌面上的"网上邻居"图标,选择"属性"命令,打 开网络配置对话框(如图 4-66 所示)。

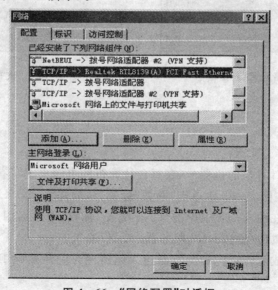

图 4-66 "网络配置"对话框

选中 TCP/IP 项,单击"删除"按钮,删除 TCP/IP,选中 NetBEUI 项,单击"删除"按钮,删除 NetBEUI 协议。

② 删除 TCP/IP 和 NetBEUI 协议后,确认本计算机是否能访问 Internet,能否从网上邻居中查看其他计算机上的共享文件。

③ 同步骤①,添加 TCP/IP 和 NetBEUI 协议后,确认本计算机是否能访问 Internet,能否从网上邻居中查看其他计算机上的共享文件。

2. IP 地址的配置

① 右击桌面上的"网上邻居"图标,选择"属性"命令,打开网络配置对话框(如图4-67所示)。

② 选中 TCP/IP 项,单击"属性"按钮(打开 TCP/IP 属性对话框如图4-68所示)。

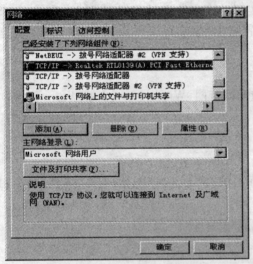

图4-67 "网络配置"对话框   图4-68 "TCP/IP 属性"对话框

③ 指定 IP 地址。

机房 IP 地址为 X.X.X.X.   xxx;

子网掩码为 255.255.X.X;

其中:xxx 为每台计算机的机器号(在每台计算机的电脑桌上写有该计算机的机器号)。

④ 网关的配置。在图4-68中单击"网关"标签,添加网关:X.X.X.X

⑤ DNS 的配置。在图4-68中单击"DNS 配置"标签,单击启用 DNS 单选按钮,在相应的文本框中输入主机、域,并添加 DNS 服务器:X.X.X.X。

⑥ IP 地址配置完成后,通过 IE 浏览器连入因特网。确认删除 IP 地址、网关、DNS 后能否上网。

<h1 style="text-align:center">习　题</h1>

1. 填空题

(1) 常用的网络操作系统有 _____，_____和_____。

(2) 常见的网络协议有_____，_____和_____。

(3) 常见的因特网服务有_____，_____和_____。

(4) 在网络中，为了将语音信号和数据、文字、图形、图像一同传输，必须利用_____技术将语音信号数字化。

(5) 假设一个主机的 IP 地址为 192.168.5.121，而子网掩码为 255.255.255.248，那么该主机的子网号为_____。

2. 问答题

(1) 简述操作系统提供的服务功能。

(2) 简述对计算机网络分层的原因以及分层的一般原则。

(3) 简述 TCP 与 UDP 之间的相同点和不同点。

(4) 简述目前一般用户采用拨号方式连接互联网的基本条件。

(5) 网络维护的主要方法有哪些？

第5章 家庭网络组建设计

【本章要点】

➤ 了解家庭网络组建方案
➤ 熟悉家庭网络的布线设计
➤ 掌握家庭网络的解决方案
➤ 熟悉家庭网络的资源共享
➤ 掌握共享打印机设置
➤ 熟悉家庭网络安全

5.1 设计方案

5.1.1 方案类型

搭建家庭内部网眼前最常用的方案有以下3种。

① 交叉双绞线直连法。如果只有两台计算机,就可以采用这种方式。该方法最简单,但并非长久之计,一旦拥有的计算机超过3台,这种方法就不行,因为完全不能扩展网络规模。

② 总线型网络。总线结构的主要特性就是"用一条公用的网线来连接所有的计算机",这条公用的网线是由"很多条较短"的网线连接起来的。它具有布线成本低廉和布线简单的优点。只要买足了网线、接头、网卡,就不需要其他额外的网络设备。但也有很大的缺点:首先,只要网络中任何一段线路发生故障,整个网络就瘫痪了,而且问题解答(trouble shooting)也是一件非常麻烦的事;其次,要加入或减少一台计算机时,也会使网络暂时中断。虽然它比直连法有很大改进,但还不是很理想,这种连接方式适合于对网络要求不是很高的家庭。

③ 星形网络。它是以集线器为中心向外成放射状的网络,通过集线器向各计算机之间传递信息。其优点如下:首先,局部线路故障只会影响到局部区域,不会导致整个网络的瘫痪,除非是集线器故障;其次,追查故障点时相当方便,通常从集线器的指示灯便能很快得知故障点。随着集线器的价格日益下降,星形网络必将成为家庭网搭建的首选方案。

5.1.2 总体对策

如果条件允许,推荐使用星形网络。与星形局域网相比,总线型局域网几乎没有什么优势,而且也不能从真正意义上减少投资。因为一个国产的16口集线器的价格280元左右,8口的集线器只需80多元,对于有多台计算机的局域网而言,摊派的费用就更少了;其次,星形网中的一台计算机出问题,不会影响到其他计算机的正常使用,而且星形局域网在多台计算机共"猫"上网

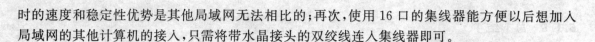

时的速度和稳定性优势是其他局域网无法相比的;再次,使用 16 口的集线器能方便以后想加入局域网的其他计算机的接入,只需将带水晶接头的双绞线连入集线器即可。

5.1.3　实际操作

　　网络布线和连接以及设备采购相对较易,根据硬件的型号,兼容性等可以方便地搭建家庭网。但 IP 规划较难。良好的 IP 地址方案不仅可以减少网络负荷,还能为今后网络扩展打下良好的基础。一般家庭网络,最多拥有 10 台计算机,通过一台 hub 连接起来,可不用进行 IP 划分。用一个 C 类 IP 地址即可,更不用划分子网。因为 IP 的划分基于 TCP/IP,所以计算机必须安装 TCP/IP。其安装方法如下:在控制面板中,双击"网络"图标,在打开对话框的"配置"选项卡中单击"添加"按钮,然后在"厂商"列表中选择 Microsoft,在"网络协议"列表框中选择 TCP/IP,然后单击"确定"按钮,并且按照系统提示放入系统安装盘或者指定系统安装文件的位置。在重新启动计算机后,TCP/IP 即安装成功。之后便是分配 IP 地址和子网掩码。在控制面板中双击"网络"图标,在打开的对话框的"配置"选项卡中选择与网卡绑定的 TCP/IP,单击"属性"按钮或者双击该协议,在"IP 地址"选项卡中单击"指定IP 地址"单选按钮。然后输入划分好的 IP 地址和子网掩码。在主机数量变化不是很大的情况下,可以采用合理的子网掩码来控制网络的大小,从而提高网络的效率。经计算,子网掩码 255.255.255.240 足够容纳 14 台计算机,所以计算机的 IP 地址就以 192.168.0.1～192.168.0.14 进行设定,采用 192.169.0.0 为网关。

5.1.4　网络拓扑结构图

　　家庭网星形方案如图 5-1 所示。

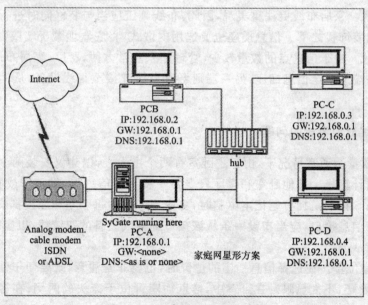

图 5-1　家庭局域网星形方案

5.1.5　总　结

本节从 3 个方向详细讨论了当前搭建家庭局域网的方案,其中对星形网络方案介绍较多。当然,用户最好能根据实际情况选择网络组建方案,这样才能够达到高性价比。例如,对于只有二三台计算机的家庭用户来说,使用星形网络就不大合适,因为要牺牲一台 PC 作为服务器,这种情况的家庭组网宜采用对等式网络结构,对等网具有以下优点:组建和维护容易;不需要专门的服务器;成本低,使用方便。在对等网中同样可以实现应用程序、光驱、打印机、modem 等软硬资源的共享,因此,对等网是小家庭网络组建的更好的选择。适合的才是最好的,选择网络也要遵循这个原则。

5.2　布线设计

欲搭建家庭网络,首先要考虑的问题就是布线。因为计算机之间通信需要双绞线进行连接。在布线过程中,出于美观的考虑,往往会对墙壁和地面造成一定的破坏,因此,布线工程应当在房屋装修前进行。

5.2.1　设计布线方案的原则

① 综合布线。在布线设计时,应当综合考虑电力线、有线电视电缆、电话线和双绞线的布设。电话线和电力线不能距离双绞线太近,以避免对双绞线产生干扰,相对位置保持 20 cm 左右即可。

② 注重美观。家居布线更注重美观,因此,布线施工应当与装修同时进行,尽量将电缆管槽埋藏于地板或装饰板之下。信息插座也要选用内嵌式,将底盒埋藏于墙壁内。

③ 简约设计。由于信息点的数量较少,管理起来非常方便,所以,家居布线无须使用配线架。双绞线的一端连接至信息插座,另一端则可以直接连接至集线设备,从而节约开支,减少管理难度。

5.2.2　家居布线时应考虑的问题

① 信息点数量。通常情况下,由于主卧室有两个主人,所以建议安装两个信息点,以便男女主人同时使用计算机。其他卧室和客厅只需要安装一个信息点,供孩子或临时变更计算机使用地点时使用。特别是拥有笔记本电脑时,更应当考虑在每个室和厅内都安装一个信息点。如果小区预留有信息接口,应当布设一条从该接口到集线设备的双绞线,以实现家庭网络与小区宽带的连接。

② 信息插座位置。在选择信息插座的位置时,也要非常注意,既要便于使用,不能被家具挡住,又要比较隐蔽,不太显眼。在卧室中,信息插座可位于床头的两侧;在客厅中,可位于沙

发靠近窗口的一端;在书房中,则应位于写字台附近。

③ 集线设备的位置。由于集线设备很少被接触,所以,在保证通风较好的前提下,集线设备应当位于最隐蔽的位置(避免安装在潮湿、容易被淋湿和电磁干扰非常严重的位置)。通常情况下,电脑桌或写字台的一侧是安装集线设备的绝佳位置。

④ 远离干扰源。双绞线和计算机应当尽量远离洗衣机、电风扇、空调和电冰箱,以避免这些电器对双绞线中传输信号的干扰。

⑤ 电源分开。计算机、打印机和集线设备使用的电源线,应当与日光灯、洗衣机、电冰箱、空调和电风扇等使用的电源线分开,实现单独供电,以避免脉冲电流对计算机的冲击,保证计算机的安全和运行稳定。

5.2.3　布线方式

在房间内埋设线缆有两种方式,一是埋入地板垫层中,二是埋入墙壁内,但均须在室内装修前或装修时完成,通常使用墙上型信息插座。

房间之间的布线管槽既可以在墙壁直接打洞通过,也可以从门口绕行至各信息点。在房间的地面上布设 PVC 塑料材质的管或槽,然后,通过弯头沿管道连接至墙壁上的信息插座。在地面垫层走线,适用于地面垫层较厚,并且需要在地板上直接安装信息插座的布线场合。如果地面垫层较薄,也可以直接在墙上走线。

埋入式布线需要事先在墙壁上或地板上埋设信息插座底盒。墙壁上的底盒可以采用塑料制品,而地板上的底盒则必须采用金属制品。

5.3　调制解调器的安装

调制解调器又称为 modem,通常分为内置的 modem 和外置的 modem。调制解调器的物理安装比较简单,对于内置的 modem,用户只需将其插到主板的 PCI 或 ISA 插槽上即可;对于外置的 modem,用户将其插到机箱后的串口上即可。完成调制解调器的物理安装后,启动计算机,系统会提示用户发现新硬件,这时用户就需要安装调制解调器的驱动程序,将调制解调器真正安装到系统中去。安装调制解调器的驱动程序,可参考以下步骤。

① 单击“开始”→“控制面板”命令,打开“控制面板”窗口。

② 双击“电话和调制解调器选项”图标,打开“电话和调制解调器选项”对话框,单击“调制解调器”标签。

③ 在该选项卡中单击“添加”按钮,打开“添加硬件向导”对话框,如图 5-2 所示。

④ 在该对话框中单击“下一步”按钮,打开“安装新调制解调器”对话框,如图 5-3 所示。

⑤ 当系统检测到调制解调器后,将自动打开“找到新的硬件向导”对话框,如图 5-4 所示。

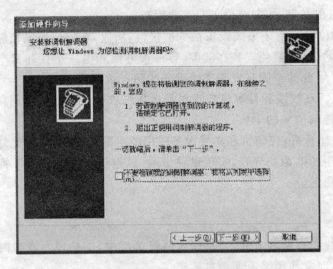

图 5 - 2　"添加硬件向导"对话框

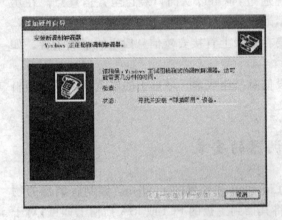

图 5 - 3　"安装新调制解调器"对话框　　　　图 5 - 4　"找到新的硬件向导"对话框

⑥ 如图 5 - 4 所示,按照提示插入驱动程序的安装 CD 或软盘。若用户安装的调制解调器支持"即插即用"功能,可单击"自动安装软件"单选按钮;若用户想自己安装,也可单击"从列表或指定位置安装"单选按钮。本例中单击"从列表或指定位置安装"单选按钮。

⑦ 单击"下一步"按钮,打开"请选择您的搜索和安装选项"对话框,如图 5 - 5 所示。

⑧ 在该对话框中,用户可单击"在这些位置上搜索最佳驱动程序"或"不要搜索,我要自己选择要安装的驱动程序"单选按钮。本例中单击"在这些位置上搜索最佳驱动程序"单选按钮。在该选项下,用户还可以选中"搜索可移动媒体"和"在搜索中包含这个位置"复选框。选中"搜索可移动媒体"复选框,可在所有可移动媒体中搜索最佳的驱动程序;选中"在搜索中包

含这个位置"单选框,单击"浏览"按钮,可确定搜索的位置。

⑨ 设置完毕后,单击"下一步"按钮,弹出"向导正在搜索"对话框,如图 5-6 所示。

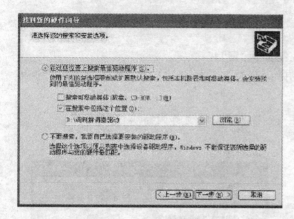

图 5-5　"请选择您的搜索和安装选项"对话框　　　　图 5-6　"向导正在搜索"对话框

⑩ 在该对话框中系统将在选定的位置中搜索新的硬件驱动程序,并安装该驱动程序。

⑪ 在安装过程中,会弹出"所需文件"对话框,如图 5-7 所示。

⑫ 如图 5-7 所示,用户可指定驱动程序的文件路径。设置完毕后,单击"确定"按钮即可。

⑬ 系统会继续安装驱动程序,安装完毕后,将弹出"完成找到新硬件向导"对话框,如图 5-8 所示。

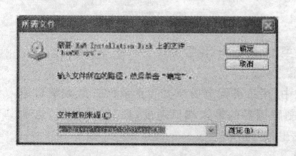

图 5-7　"所需文件"对话框　　　　　图 5-8　"完成找到新硬件向导"对话框

⑭ 该对话框提示用户已完成调制解调器驱动程序的安装,单击"完成"按钮即可关闭"找到新的硬件向导"对话框。成功安装调制解调器驱动程序后,在"电话和调制解调器选项"对话

框中的"调制解调器"选项卡中即可看到该调制解调器,如图5-9所示。

安装好调制解调器后,用户还需要对其进行进一步的设置,使其发挥最大功效,更符合用户的使用习惯。

对调制解调器进行设置,可执行以下步骤。

① 单击"开始"→"控制面板"命令,打开"控制面板"窗口。

② 双击"电话和调制解调器选项"图标,打开"电话和调制解调器选项"对话框,选择"调制解调器"选项卡。

③ 选定已安装好的调制解调器,单击"属性"按钮,打开"调制解调器属性"对话框。

④ 单击"常规"标签,如图5-10所示。

图5-9　"电话和调制解调器选项"对话框

图5-10　"常规"对话框

⑤ 在该选项卡中显示了调制解调器的设备类型、制造商、位置及设备状态等信息。

⑥ 单击"调制解调器"标签,如图5-11所示。

⑦ 在该选项卡中的"扬声器音量"选项区域中,用户可调节扬声器的音量;在"最大端口速度"选项区域中,用户可在其下拉列表中选择调制解调器的最大端口速度;在"拨号控制"选项区域中,用户可选择在拨号时是否等待扬声器发出拨号声音。

⑧ 单击"诊断"标签,如图5-12所示。

⑨ 如图5-12所示,用户可查看该调制解调器的诊断信息。单击"查询调制解调器"按钮,可查看该调制解调器有反应的所有指令;单击"查看日志"按钮,可查看单击"查询调制解调器"按钮后的日志文件。

⑩ 单击"高级"标签,如图 5-13 所示。

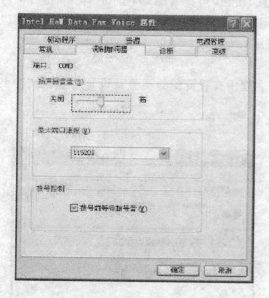

图 5-11　"调制解调器"对话框

图 5-12　"诊断"对话框

⑪ 在该对话框中用户可在"额外设置"选项区域中设置额外的初始化命令,在"国家(地区)选择"选项区域中,可选择所在的国家或地区。

⑫ 单击"驱动程序"标签,如图 5-14 所示。

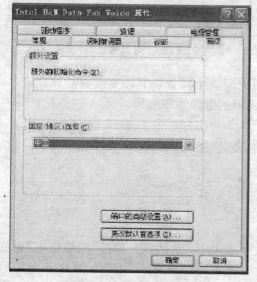

图 5-13　"高级"对话框

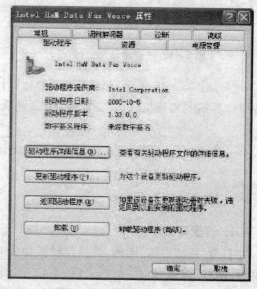

图 5-14　"驱动程序"对话框

⑬ 如图 5-14 所示,单击"驱动程序详细信息"按钮,可查看驱动程序的详细信息;单击"更改驱动程序"按钮,可更新驱动程序;单击"返回驱动程序"按钮,可在更新失败时,返回到以前的驱动程序;单击"卸载"按钮,可卸载该驱动程序。

⑭ 单击"资源"标签,如图 5-15 所示。

⑮ 如图 5-15 所示,用户可在"资源设置"列表框中查看资源的类型及设置信息;在"冲突设备列表"列表框中,列出了存在冲突的设备。

⑯ 单击"电源管理"标签,如图 5-16 所示。

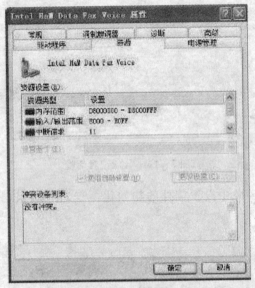

图 5-15 "资源设置"列表框

图 5-16 "电源管理"对话框

⑰ 如图 5-16 所示,用户可选中"允许计算机关闭这个设备以节约电源"和"允许这台设备使计算机脱离待机状态"复选框,来设置调制解调器的电源管理选项。

5.4 网络解决方案

5.4.1 网络标识和协议的设置

1. 设置网络标识

右击"我的电脑"图标,选择"属性"命令,打开"系统特性"对话框。单击"网络标识"标签,单击"属性"按钮,打开"标识更改"对话框,输入计算机名,在"隶属于"选项区域中单击"工作组"单选按钮,并输入设定的工作组名。需要注意的是,局域网的所有计算机必须隶属于同一工作组。单击"确定"按钮完成对网络标识的设置,如图 5－17 所示。

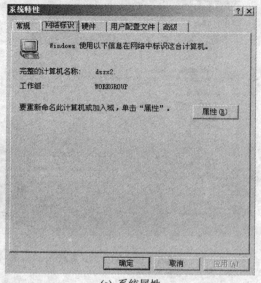

(a) 系统属性

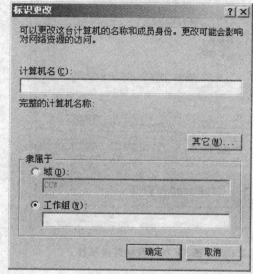

(b) 标识更改

图 5－17　设置网络标识

2. 设置协议

组建网络时,必须选择一种网络通信协议,使得用户之间能够相互进行"交流"。局域网中的一些协议,在安装操作系统时会自动安装。如在安装 Windows NT 或 Windows 95/98 时,系统会自动安装 NetBEUI 通信协议。在安装 NetWare 时,系统会自动安装 IPX/SPX 通信协议。其中 3 种协议中,NetBEUI 和 IPX/SPX 在安装后不需要进行设置就可以直接使用,但 TCP/IP 要经过必要的设置。所以下文主要以 Windows NT 环境下的 TCP/IP 为主,介绍其安装、设置和测试方法,其他操作系统中协议的有关操作与 Windows NT 基本相同,甚至更为简单。

(1) TCP/IP 通信协议的安装

在 Windows 2000 中,如果未安装有 TCP/IP,可选择"开始"→"设置"→"控制面板"命令,在打开的窗口中,双击"网络和拨号连接"图标,右击"本地连接"图标,选择"属性"命令,打开"本地连接属性"对话框,单击对话框中的"安装"按钮,选中 TCP/IP,然后单击"添加"按钮,系统开始从安装盘中复制所需的文件,如图 5－18 所示。

(2) TCP/IP 的设置

在"网络"对话框中选择已安装的 TCP/IP,单击"属性"按钮,将打开"Internet 协议(TCP/IP)属性"的对话框。在指定的位置输入已分配好的 IP 地址和子网掩码。如果用户还要访问其他 Widnows 2000 网络的资源,还可以在"默认网关"文本框中输入网关的地址,如图 5－19 所示。

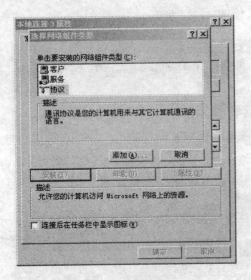

图 5-18　网络连接属性

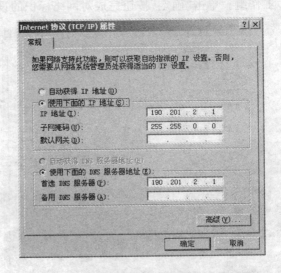

图 5-19　TCP/IP 属性

（3）TCP/IP 测试

当 TCP/IP 安装并设置结束后，为了保证其能够正常工作，在使用前一定要进行测试。建议大家使用系统自带的工具程序：PING 命令。该工具可以检查任何一个用户是否与同一网段的其他用户联通，是否与其他网段的用户连接正常，同时还能检查出自己的 IP 地址是否与其他用户的 IP 地址发生冲突。假如服务器的 IP 地址为 190.201.2.1，如要测试与服务器接通时，只需切换到 DOS 提示符下，并键入命令"PING190.201.2.1"即可。如果显示类似于"Reply from 190.201.2.1……"的回应，如图 5-20 所示，说明 TCP/IP 工作正常；如果显示

```
E:\>ping 190.201.2.1

Pinging 190.201.2.1 with 32 bytes of data:

Reply from 190.201.2.1: bytes=32 time<10ms TTL=128
Reply from 190.201.2.1: bytes=32 time<10ms TTL=128
Reply from 190.201.2.1: bytes=32 time<10ms TTL=128
Reply from 190.201.2.1: bytes=32 time<10ms TTL=128

Ping statistics for 190.201.2.1:
    Packets: Sent = 4, Received = 4, Lost = 0 (0% loss),
Approximate round trip times in milli-seconds:
    Minimum = 0ms, Maximum =  0ms, Average =  0ms
```

图 5-20　PING 命令测试

"Request timed out"的信息,说明双方的 TCP/IP 的设置可能有错,或网络的其他连接(如网卡、hub 或连线等)有问题。

5.4.2　网络的设置

局域网设置简单方法如下。

① 启用来宾账户。依次选择"控制面板"→"用户账户"→"启用来宾账户"选项即可完成设置。

② 安装 NetBEUI 协议。右击"网上邻居"选择"属性"命令,查看"本地连接"属性;单击"安装"按钮,查看"协议",看其中 NetBEUI 协议是否存在。如果存在则说明系统已经安装这个协议,如果不存在单击"添加"按钮来安装该协议,在 Windows XP 系统默认的情况下该协议是已经安装好的。

③ 查看本地安全策略设置是否禁用了 guest 账号。依次选择"控制面板"→"管理工具"→"本地安全策略"→"用户权利指派"选项,查看"拒绝从网络访问这台计算机"项的属性,看里面是否有 guest 账户,若有则删除。

④ 设置共享文件夹。设置文件夹共享的方法有 3 种,第 1 种是选择"工具"→"文件夹选项"→"查看"→"使用简单文件夹共享"选项。这样设置后,其他用户只能以 guest 用户的身份访问共享的文件或者是文件夹。第 2 种方法是选择"控制面板"→"管理工具"→"计算机管理"选项,在"计算机管理"对话框中,单击"文件夹共享"→"共享"图标,然后在右键关联菜单中选择"新建共享"选项即可。第 3 种方法最简单,直接在想要共享的文件夹上右击,通过"共享和安全"命令即可设置共享。

⑤ 建立工作组。在 Windows 桌面上右击"我的电脑"图标,选择"属性"命令,然后单击"计算机名"标签,查看是否出现本机所在工作组名称,如 workgroup 等。然后单击"网络 ID"按钮,打开"网络标识向导"对话框,单击"下一步"按钮,单击"本机是商业网络的一部分,用它连接到其他工作着的计算机"单选按钮;单击"下一步"按钮,单击"公司使用没有域的网络"单选按钮;单击"下一步"按钮,然后输入自己的局域网的工作组名,这里建议大家用"BROAD-VIEW",再次单击"下一步"按钮,最后单击"完成"按钮完成设置。重新启动计算机后,局域网内的计算机就可以进行互访。

⑥ 查看"计算机管理"对话框,看是否启用来宾账户。依次选择"控制面版"→"计算机管理"→"本地用户和组"→"用户"→"启用来宾账户"选项。重新启动计算机就可以了。如果想提高局域网内计算机互相访问速度,可以进行如下相关操作:"控制面版"→"管理工具"→"服务"→"Task Scheduler"→"属性"→"启动方式改为手动"。

⑦ 用户权利指派。依次选择"控制面板"→"管理工具"→"本地安全策略"选项,在"本地安全策略"对话框中,依次选择"本地策略——用户权利指派",在右边的选项中依次对"从网络上访问这台计算机"和"拒绝从网络上访问这台计算机"进行设置。

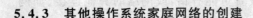

5.4.3 其他操作系统家庭网络的创建

目前,在组建网络时,多数人会选择使用 Windows NT Server 或 Windows 2000 Server 网络操作系统,因为它与用户使用的 Windows 9x 存在许多相同的地方,如操作界面和操作方法。但是 Windows 网络操作系统并不是唯一的选择,Linux 操作系统也是一个不错的选择,本节着重为大家介绍使用 Linux 来组建家庭局域网的一些相关知识。

目前大部分局域网基本上都是以 Windows 操作系统为主来搭建的。但随着 Linux 操作系统的迅速发展和普及,Linux 的优势越来越明显。本节以 Red Hat Linux 6.2 为例,介绍如何组建含有 Linux 计算机的本地局域网。首先介绍局域网硬件,以及如何在 Red Hat Linux 操作系统上使用 LinuxConf 进行局域网配置。然后介绍如何对局域网进行测试和故障排除。

1. 硬件的选择和安装

为 Linux 操作系统选择硬件时要注意确认它们的兼容性。关于这些硬/软件兼容性的信息,通常可以在产品包装上的 requirements(需求)部分找到。当然还可以通过咨询或访问相关网站来获得详细的兼容性信息。

在选择以太网集线器的时候,必须确认端口数至少应和局域网内计算机数目相等。为了便于日后扩展局域网,最好选择端口有盈余的集线器。一般不要让网线插满集线器的所有端口,否则网络的整体性能将大大降低。

如果用户准备让局域网中所有的计算机通过 ISP(Internet service provider,互联网提供商)接入互联网,那么路由器与以太网的结合是最理想的选择。局域网上的任何一台计算机,只要配置好路由器/以太网信息便可以接入 Internet。假设局域网上所有的计算机都运行 Red Hat Linux 操作系统,可以使用 LinuxConf 之类的 Linux 工具来配置路由器。

最后,选择网线要考虑可扩展性。通常情况下,以太网使用 10 Base-T 电缆,并在它的两端接上 RJ-45 接口。购买网线时最好预留一定量的备用线,这样可以适应将来局域网拓扑结构变化。

硬件准备完毕后,接下来就是安装。首先关掉所有将要连到局域网上的计算机,然后拆开这些计算机,遵照生产商的说明书在主板的正确插槽上插入网卡。为以太网集线器找一个方便但安全的地方,最好是局域网所在建筑物的中心位置或是放置着所有待连接计算机的房间。然后用网线将每台计算机的网卡接到以太网集线器上,确保所有网线避开人们经常经过的地方。在启动这些连接到局域网上的计算机之前,再次确认已执行完硬件提供商所说明的安装操作。

如果用户选择使用路由器或者 DHCP 服务器将局域网连接到互联网,需要根据用户手册的要求进行相应配置。假如现在所有计算机的网卡都已经和集线器某指定端口相连,就可以开始在 Red Hat Linux 操作系统上使用软件进行配置。

2. 配置局域网

安装完硬件就要进行配置,如何配置局域网上的计算机,取决于 Red Hat 操作系统是在安装局域网硬件之前还是之后安装的。如果是先安装局域网硬件,后安装 Red Hat 系统,安装程序就会提示进行网络配置。

(1) 网卡的安装

如果先安装 Red Hat 操作系统,则 Kudzu 程序会检测到新安装的以太网卡,并自动启动配置程序。这里简单介绍一下 Kudzu 的配置步骤:当启动程序显示"Welcome to Kudzu"对话框时,点击 Enter 键进入配置过程;接下来在另外一个对话框中选择所安装网卡的厂商名,并按 Enter 键继续;经过短暂的延迟之后,将弹出"Would You Like to Set up Networking"对话框;用 Tab 键选择"NO"按钮,并按 Enter 键,就会跳过具体的网络配置工作。这时启动程序会正常继续,接着用 root 账号登录到计算机上。

(2) 使用 LinuxConf 配置网卡

Linux 操作系统为用户提供名为 LinuxConf 的应用程序实现为局域网上的每台计算机配置或重新配置网卡。在 KDE 终端窗口的命令行或 GNOME 桌面环境下输入 linuxconf 就能够启动 LinuxConf 程序。另外一个启动该程序的方法是在主菜单按钮上选择 System 命令,然后再选 LinuxConf 命令。当 LinuxConf 程序启动后,可以根据下列步骤来配置网卡。

① 在 LinuxConf 树结构中,依次选择 Config→Networking→ClientTasks→Basic Host Information 项。

② 在 Host name 选项卡中输入用户为此计算机分配的合法完整的主机名。

③ 然后单击 Adaptor 1 标签,将会显示用户的网卡设置。

④ 检查 Enabled 复选框是否被选中,确认网卡是否被正常连接。

⑤ 用户可以单击 Manual 单选按钮,并继续执行第 6 步来手工分配 IP 地址。如果该局域网上有 DHCP 或 BootP 服务器,就可以相应地单击 DHCP 或 BootP 单选按钮。局域网将为此计算机动态分配地址,可以直接跳转到第 12 步。

⑥ 在 primary name + domain 文本框中,输入此台计算机的主机名以及域名,主机名和域名之间用句点隔开。

⑦ 在 Aliases 文本框中,可以为这台计算机输入其他的主机别名。若有多个别名,则用空格隔开。

⑧ 在 IP Address 文本框里输入为此台计算机分配的 IP 地址(例如 192.168.1.1)。

⑨ 在 Netmask 下拉列表框中输入子网掩码 255.255.255.0。

⑩ 在 net device 下拉列表框中,输入 eth0。其中,eth0 表示这台计算机里面的第一个网卡。

⑪ 该网卡的 driver 或 Kernel Module 选项会由 LinuxConf 自动输入。

⑫ 单击 Accept 按钮来激活所有的变化。

重复步骤①～⑫,为局域网上所有的计算机配置网卡,同时必须注意输入正确的主机名以及相应 IP 地址。

3. 配置域名服务器(nameserver)规范

组建局域网的另一重要步骤是配置 nameserver 规范。当计算机的名字给出之后,Linux 根据这个规范来查找该计算机的 IP 地址。Red Hat Linux 系统有两种方法来将主机名映射成 IP 地址。一种是通过域名服务器(domain name services,DNS),另一种则是通过 /etc/hosts 文件。

/etc 目录是计算机中大部分系统配置文件存放的地方。输入 cd /etc,将当前目录切换到 /etc 就可以找到 hosts 文件。然后可以根据下列步骤来将主机名映射成 IP 地址。

① 在 LinuxConf 左边窗口中,打开 Nameserver specification (DNS)项。

② 单击 DNS usage 标签。

③ 在 search domain 1 文本框旁边输入 local domain。

④ 如果用户知道默认或其次 nameserver 的 IP 地址(这些信息可以在网卡上找到),可以在 IP of nameserver 1 和 IP of nameserver 2 文本框中分别输入相应的地址。否则,用户可以不设置这两项。

⑤ 单击 Accept 按钮,从而激活所有的变化。

4. 设置主机名搜索路径

确定主机名之后,Red Hat 系统可以利用主机名搜索路径(hostname search path)来搜索其对应 IP 地址。根据下列步骤配置 hostname search path,就可以让本地文件(/etc/hosts)来查找本地主机名,并让 ISP 域名服务器提供网络域名服务。

① 在 LinuxConf 的左边窗口中,打开 Routing and Gateways 目录。

② 选择 host name search path 项。

③ 在 LinuxConf 的右边窗口中,选择 Multiple IPs for One Host。

④ 在 LinuxConf 的右边窗口中选择 hosts,DNS。

⑤ 单击 Accept 按钮来激活所有的变化。

5. 设置本地文件

Red Hat Linux 操作系统需要一些方法以根据局域网中每台计算机的主机名来寻找相应 IP 地址。前面曾提到过域名服务器(DNS)是一种将主机名映射到 IP 地址的方法。在 DNS 配置时,主机名和 IP 地址应该已经被添加到一个已存在的 nameserver 上。另一方面,如果小规模局域网中有一个集中的 nameserver,则该局域网上每个计算机都有一个配置文件,记录该计算机的主机名、IP 地址和其他的别名。这个配置过程包括编辑 /etc/host 中的一个文本文件。用户必须在局域网的每台计算机上,执行下列步骤配置 /etc/hosts 文件。

① 在 LinuxConf 的左边窗口中,打开 Misc 目录。

② 打开 Information about hosts 项。用户可以看到一个记录着计算机 IP 地址、主机名

和其他别名的条目。

③ 单击 Add 按钮,就可以添加关于局域网上的其他主机信息的条目。

④ 在打开的对话框中,为待添加的主机输入它的机器名＋域名(例如 rity. companyname. com)。

⑤ 在 Alias 文本框中为该主机输入一个和多个别名(例如 bank)。

⑥ 在 IP number 文本框中,输入为这台主机所分配的 IP 地址。

⑦ 单击 Accept 按钮来激活上面所做的变化。

⑧ 重复步骤 1～7,为局域网上所有的计算机进行相应的配置。

对所有的计算机执行以上操作之后,LinuxConf 中的 /etc/hosts 选项卡中将列出局域网中所有计算机的信息。其中,本地主机名显示为 localhost。之后用户可以参照下列步骤,保存所做的配置并退出 LinuxConf 程序。

① 确信所有的主机名和 IP 地址都已经输入之后,单击 /etc/host 选项卡中的 quit 按钮。

② 若单击 LinuxConf 界面左下角的 quit 按钮,则退出 LinuxConf 程序。

③ 若单击 Activate the changes 按钮,则能够保存所做的修改并退出 LinuxConf 界面。

6. 测试局域网

配置好所有的计算机后,需要进行必要的测试。测试局域网的第一步是,确认局域网中的计算机在启动之后能否与其他主机通信。可以先在每台计算机上输入 reboot 命令。在 Linux 重新启动过程中,要仔细观察屏幕上滚动的测试信息。注意寻找下列信息。

Setting hostname：＜hostname you assigned to this computer＞

Bringing up Interface lo：＜OK＞ or ＜FAILED＞

Bringing up interface eth0 ＜OK＞ or ＜FAILED＞

Setting hostname 这一项将显示用户分配给这台计算机的主机名。而 lo 和 eth0 项的后面若显示 OK,就表示检测成功。用户可以使用 ping 命令来判断计算机能否与其他计算机通信。在当前主机上打开一个终端窗口,并输入命令 ping ＜IP address＞或 ping ＜hostname＞。其中,＜IP address＞或 ＜hostname＞是用户分配给这个计算机的 IP 地址和主机名。需要注意的是,为了让 ping 命令正确工作,就必须输入 IP 地址或者主机名作为参数。

如果用户已经正确配置了 DNS nameserver 规范,那么 ping ＜hostname＞命令就会将 hostname 这个主机名映射成相应的 IP 地址。否则,只好在 ping 命令后面给出确切的 IP 地址来测试,也就意味着用户要拥有该局域网上所有计算机的 IP 地址列表。ping 命令通过局域网将消息发送到目的 IP 地址所表示的计算机。如果这台计算机能够与其他主机通信,屏幕上就可以看到以下一些消息或包。

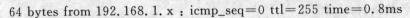

64 bytes from 192.168.1.x：icmp_seq＝0 ttl＝255 time＝0.8ms

64 bytes from 192.168.1.x：icmp_seq＝0 ttl＝255 time＝0.8ms

64 bytes from 192.168.1.x：icmp_seq＝0 ttl＝255 time＝0.8ms

通过屏幕上的信息，用户应该注意到 192.168.1 代表的是该主机所属于的网络，x 则表示试图要 ping 的主机号码，这两部分组成了一个完整的 IP 地址。ping 命令不会自动停止，但可以按 Ctrl＋C 快捷键来终止它，就可以看到这次 ping 测试的基本信息：

—— hostname.yourcompanyname.com ping statistics ——

4 packets transmitted，4 packets received，0％ packet loss

round - trip min/avg/max ＝ 0.3/0.4/0.8 ms

看到 packet loss 信息为 0％，表明测试成功。但如果 ping 命令的结果如下，则说明局域网中还存在一些问题。

From hostname.comanyname.com（192.168.1.1）：Destination Host Unreachable

上述信息表明这两台计算机之间根本不能够通信。出现不能通信的情况时，可以参考下一部分的局域网故障排除。若能成功地 ping 到局域网中其他所有机器，说明局域网的基本通信功能是完好的。此时局域网已基本组建好，用户可以放心地安装其他网络设备。

7. 局域网故障排除

如果用户不能够 ping 到局域网中的另外一台主机，可以按照下面的方法寻找问题的根源。首先，用 halt 命令关掉局域网上所有的计算机。在所有计算机的命令行上输入 halt。关掉所有计算机，这样就可以在重新启动这些计算机的时候观察到启动程序的反馈信息。

检查所有计算机之间的网线，确信所有的 RJ - 45 接口都被正确连接。在确保所有网线正确安全连接之后，逐个启动局域网上的计算机，并观察启动过程中的下列响应信息。

Setting hostname：hostname.networkname［OK］

Red Hat Linux 的启动过程中，用户可以在 LILO 启动提示符后面输入 I，进入交互的启动模式，从而更清楚地查看反馈信息。首先检查分配给这台计算机的主机名和网络名是否拼写正确。如果不属于拼写错误的情况，就需要回到 LinuxConf 的 basic host information 项。在交互模式下，用户会被提示是否启动若干服务。对于这些提示问题都回答 yes，并集中注意力观察不同测试的结果。如果 Kudzu 程序检测到一个网卡，这就意味着在前面过程中没有正确配置这个网卡。继续运行 Kudzu 来配置这块网卡。当用户被提示是否要配置网络时，选择"Yes"并为这台计算机输入正确的 IP 地址和其他相关信息。

另一个需要仔细检查的重要内容为"Bringing up interface eth0［OK］"。

这一行显示网卡是否正确工作。如果这个测试失败，用户就需要用 Linuxdonf 来检查所有网络设置，从而确保网卡被正确配置。如果网络设置是正确的，则可能网卡本身有问题，可以更换新网卡并重复先前的故障排除过程。

5.5　资源共享

5.5.1　文件共享

　　文件共享是局域网最基本的功用。通过文件共享,可以让所有连入局域网的人共同拥有或使用同一文件。文件共享,首先要把文件"贡献"出来。打开 Windows 资源管理器,右击要共享的文件夹,在快捷菜单中选择"共享"命令,在弹出的"属性"对话框中选"共享为"标签,并键入共享名。共享的方式有两种,一是只读式共享,二是完全式共享。如果只希望其他的计算机读取该文件夹中的文件,而没有修改或删除的权限,应当选"只读"选项。当然,如果只希望某些人看到这些文件,则应当在"只读密码"文本框中键入相应的密码,并将该密码告知允许访问的计算机,这样,该文件夹只能由知道密码的人来共享了。如果希望在其他计算机上也能够像在自己的硬盘上那样随意修改和删除文件,那就需要选择"完全"选项。如果不希望所有的人都拥有这么大的权限,则应当在"完全访问密码"框中键入相应的密码,并将该密码告知相应的用户,这样,该文件夹只能由这些被授权的人来访问,如图 5－21 所示。

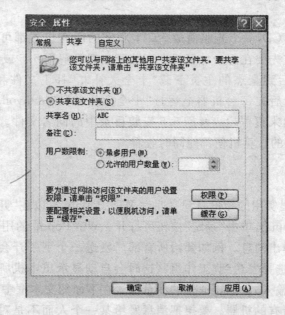

图 5－21　文件夹共享设置

　　将文件夹设置为共享后,使用起来十分方便。在其他计算机桌面上的"网上邻居"或 Windows 资源管理器的"网上邻居"中,即可浏览到共享后的文件夹。然后,根据授予的权限,就像在本地硬盘一样读取、修改、删除或写入文件。

5.5.2 磁盘共享

硬盘、软驱、光驱等磁盘都可用来共享。因此,局域网中的计算机不必都配备软驱、光驱等,通过网络共享,所有机器都能拥有那些有限的资源。磁盘共享的方法与上面的文件共享方法几乎相同,就不再赘述。

这里介绍的是另一种磁盘共享,利用局域网将自己的数据保存在另外一台计算机上,或者说是把另外一台计算机里的"东西"虚拟到自己的机器上。这就是所谓的映射网络盘符。这样做可以不必通过很多"文件路径"的选择,把对方的盘符映射到自己的计算机中,使用起来就像操作本地硬盘一样方便。首先双击"网上邻居"图标,找到可供存储的文件夹路径;然后在这个文件夹上右击并选择"映射成网络驱动器"命令,再指定一个盘符(注意要跟本地硬盘的逻辑盘符区分开)。这时在"我的电脑"中,除了原有的软驱和逻辑硬盘符号外,还会多出一个盘符,就像自己的计算机新添加了新的硬盘驱动器。映射成网络驱动器后,使用起来跟自己的硬盘完全没有两样。注意,为了让每次启动后都能把对方的共享目录自动映射成自己计算机上的网络驱动器,还需要选中"登录时恢复网络连接"复选框。

5.5.3 媒体播放共享

在局域网中共享 VCD,一个光驱播放 VCD,联网的所有机器都可以同时欣赏,这就是所谓的媒体播放共享。首先要在每台计算机上安装豪杰超级解霸 5.5 或以上版本以及豪杰超级 VCD 的播放程序。然后到豪杰的主页下载"十全大补丸"补丁文件和"网络同步播放附件"(dvbvod. zip)文件。然后在每台机器上运行"十全大补丸"和 dvbvod. zip 文件中的 dvbvod. dll,sthchina. dll 解压出来覆盖超级解霸 5.5 安装目录中的同名文件。安装完成后,只要一台计算机播放 VCD,联网的计算机便都能同时收看。

5.5.4 消息共享

Windows 中有个很实用的短信息程序叫做 Win Popup,可以在"开始"菜单中选择"运行"命令,然后输入 Win Popup,单击"确定"按钮可打开。Win Popup 的用途是给网络上的其他计算机发送文字格式的弹出消息。例如要给所有部门发送一个下午开会的通知,只要单击左上角的"信封"按钮,然后选择发送到"工作组"(这时会自动显示出本机所在的组名,如果要发给其他工作组,则需手工输入)。把要通知的消息输入在下面的文本框中,单击"发送"按钮,就可以把消息一次传达给所有的机器。要想把消息发给某一个人而不是对所有人进行广播,只需在发送时指定为"到用户或计算机"就可以。在填写接收方名字的文本框中输入对方的用户名或计算机名即可。

不过,消息是否能够传达到位,还取决于接收方的计算机上是否也运行着 Win Popup 程序。为了保证每台计算机都能够及时收到别人发来的信息,最好把 Win Popup 程序改在"启动"项目中。步骤如下：选择"开始"→"设置"→"任务栏与开始菜单"命令，切换到"高级"选项卡，单击"添加"按钮，然后把 Win Popup 添加到启动任务中。这么一来，每次启动计算机后都会自动运行短信息程序。

5.6　共享打印机的配置

5.6.1　配置打印机主机

首先要在主机上配置打印机。这里称直接连接打印机的计算机为主机，而局域网内其他需要和主机共享打印的计算机称为客户机。

第一步：将打印机连接至主机，打开打印机电源，通过主机的"控制面板"进入到"打印机和传真"文件夹，在空白处右击，选择"添加打印机"命令，打开添加打印机向导窗口，单击"连接到此计算机的本地打印机"单选按钮，并选中"自动检测并安装即插即用的打印机"复选框。

第二步：此时主机将会进行新打印机的检测，很快便会发现已经连接好的打印机，根据提示将打印机附带的驱动程序光盘放入光驱中，安装好打印机的驱动程序后，在"打印机和传真"文件夹内便会显示该打印机的图标了。

第三步：在新安装的打印机图标上右击，选择"共享"命令，打开打印机的属性对话框，切换至"共享"选项卡，单击"共享这台打印机"单选按钮，并在"共享名"文本框中输入需要共享的名称，例如 CompaqIJ，单击"确定"按钮即可完成共享的设定。

如果希望局域网内其他版本的操作系统在共享主机打印机时不再需要费力地查找驱动程序，可以在主机上预先将这些不同版本选择操作系统对应的驱动程序安装好，只要单击"其他驱动程序"按钮，选择相应的操作系统版本，单击"确定"按钮后即可进行安装。

5.6.2　配置协议

为了让打印机的共享能够顺畅，必须在主机和客户机上都安装"文件和打印机的共享协议"。右击桌面上的"网上邻居"，选择"属性"命令，进入到"网络连接"界面，在"本地连接"图标上右击，选择"属性"命令，如果在"常规"选项卡的"此连接使用下列项目"列表中没有找到"Microsoft 的文件和打印机共享"项，则需要单击"安装"按钮，在弹出的对话框中选中"服务"项，然后单击"添加"按钮，在"选择服务"窗口中选中"文件和打印机共享"项，最后单击"确定"按钮即可完成。

5.6.3　客户机的安装与配置

主机上的工作已经全部完成后，就需要对共享打印机的客户机进行配置了。这里假设客户机也是 Windows XP 操作系统。其中每台要共享打印机的计算机都必须安装打印驱动程序。

第一步：选择"开始"→"设置"→"打印机和传真"命令，打开"添加打印机向导"窗口，选择"打印机"选项。

第二步：在"指定打印机"对话框中提供了几种添加打印机的方式。如果不知道打印机的具体路径，则可以单击"浏览打印机"单选按钮来查找局域网同一工作组内共享的打印机，已经安装了打印机的计算机，在选择打印机后单击"确定"按钮；如果已经知道了打印机的路径，则可以使用访问资源的"通用命名规范"（UNC）格式输入共享打印机的路径，例如"\\james\compaqIJ"（james 是主机的用户名），最后单击"下一步"按钮。

第三步：这时系统将要用户再次输入打印机名，输完后，单击"下一步"按钮，接着单击"完成"按钮，如果主机设置了共享密码，这里就要求输入密码。当看到在客户机的"打印机和传真"文件夹内出现了共享打印机的图标时，表明打印机已经安装完成。

5.6.4 让打印机更安全

如果仅进行以上操作的话，局域网内的非法用户也有可能趁机使用共享打印机，从而造成混乱。为了防止非法用户对打印机随意进行共享，必须通过设置账号使用权限来对打印机的使用对象进行限制。通过对安装在主机上的打印机进行安全属性设置，指定只有合法账号才能使用共享打印机。

第一步：在主机的"打印机和传真"文件夹中，右击其中的共享打印机图标，从右键菜单中选择"属性"命令，在属性设置对话框中，切换"安全"选项卡。

第二步：在其后打开的选项设置页面中，将"名称"列表中的"everyone"选中，并将对应"权限"列表处的"打印"设置为"拒绝"，这样任何用户都不能随意访问共享打印机了。

第三步：接着再单击"添加"按钮，将可以使用共享打印机的合法账号导入到"名称"列表中，再将导入的合法账号选中，并将对应的打印权限选设置为"允许"即可。重复第三步即可将其他需要使用共享打印机的合法账号全部导入进来，并依次将它们的打印权限设置为"允许"，最后再单击"确定"按钮即可。

5.7 家庭网络安全

在享受到家庭上网带来的乐趣的同时，也应该了解到在网络的背后还潜在着很多看不见的安全问题，例如家庭中计算机上的文件和其他数据安全吗？会不会遭到黑客攻击？网络上的信息良莠不齐，精华与糟粕并存，如何远离这些垃圾信息？因此如何打造一个安全、健康的家庭网络成为了每一个家庭联网用户所关心的问题。本节将分别就这两个问题与大家探讨。

5.7.1　拒不速之客于门外

1．让系统免疫力更强

用户对自身操作系统安全的加固,是抵御黑客攻击的最根本的办法。其实目前网络上大多数黑客并非本身技术多么高超,只是利用了系统本身的漏洞和别人的一些工具来入侵用户系统。如果用户能及时了解并安装微软的最新补丁,一般情况下没有人可以对用户造成安全威胁。此外系统的密码也不能设置得过于简单,很多用户为了方便,将系统管理员的密码设成类似 1,123 的简单口令,对入侵者或病毒来说,找个暴力工具,轻而易举地就可以试出真正密码。

2．修改宽带路由器的默认用户名和密码

目前大多数家庭网络都是通过一个宽带路由器或无线宽带路由器来访问外部网络。通常设备制造商为了便于用户设置,都提供了一个管理页面工具。这个页面工具可以用来设置该设备的网络地址以及账号等信息。

为了保证只有设备拥有者才能使用这个管理页面工具,该设备通常也设有登录界面,只有输入正确的用户名和密码才能进入管理页面。然而在设备出售时,制造商给每一个型号的设备提供的默认用户名和密码都一样,而很多家庭用户在购买之后,都没有修改设备默认的用户名和密码。这就使得黑客们有机可乘。他们只要通过简单的扫描工具很容易就能找出这些设备的地址,并尝试用默认的用户名和密码去登录管理页面,如果成功则立即取得该路由器/交换机的控制权。

3．充分利用宽带路由器的防火墙功能

路由器中内置的防火墙能够起到基本的防火墙功能,它能够屏蔽内部网络的 IP 地址,自由设定 IP 地址、通信端口过滤,可以防止黑客攻击和病毒入侵,用户不需要另外安装其他的病毒防护设备就可以拥有一个比较安全的网络环境。因此,防火墙功能是家用宽带路由器的一个重要功能,因为如果没有防火墙进行安全防护,家庭网络受到病毒入侵和黑客攻击的几率就会增大,从而很可能造成网络的瘫痪,为用户带来不少的麻烦。

目前的路由器防火墙功能主要包括防 IP 地址过滤,URL 过滤,MAC 地址过滤,IP 地址与 MAC 地址绑定以及一些防黑能力,安全日志等。通过路由器内置的防火墙功能,可设置不同的过滤规则,过滤来自外网的所有异常的信息包,使内部网络使用者可以安心上网。

5.7.2　无线网络安全

对家庭中采用无线上网的用户而言,应该清醒地认识到无线网络比有线网络更容易受到攻击,因为被攻击端的计算机与攻击端的计算机并不需要硬件上的直接连接,只要在无线宽带路由器或无线 AP 的有效覆盖范围内的,就可以进入内部网络,访问网络资源。下面介绍几种可用来保护无线网络的安全措施。

1. 修改默认的服务区标识符(SSID)

通常每个无线网络都有一个服务区标识符(SSID),无线客户端要加入该网络的时候需要有一个相同的 SSID,否则将被"拒之门外"。通常设备制造商都在产品中设置了一个默认的相同的 SSID。例如 linksys 设备的 SSID 通常是"linksys"。如果一个网络,不为其指定一个 SSID 或者只使用默认 SSID,则任何无线客户端都可以进入该网络,也因此带来了安全隐患。

2. 禁止 SSID 广播

在无线网络中,各路由设备都有一个很重要的功能,即服务区标识符广播——SSID 广播。最初,这个功能主要是为那些无线网络客户端流动量特别大的商业无线网络而设计。开启了 SSID 广播的无线网络,其路由设备会自动向其有效范围内的无线网络客户端广播 SSID,无线网络客户端接收到这个 SSID 后,才可以使用该网络。但是,这个功能却存在极大的安全隐患,它无形中自动地为想进入该网络的黑客开通了渠道。在商业网络里,为了满足经常变动的无线网络接入端,必定要牺牲安全性来开启这项功能,但作为家庭无线网络来讲,网络成员相对固定,所以没必要开启这项功能。

3. 设置 MAC 地址过滤

众所周知,基本上每一个网络接点设备都有一个独一无二的标识,称为物理地址或 MAC 地址,当然无线网络设备也不例外。所有设备都会跟踪所有经过的数据包源 MAC 地址。通常,许多这类设备都提供对 MAC 地址的操作,这样可以通过建立自己的准通过 MAC 地址列表,来防止非法设备(主机等)接入网络。但这种方法也有很大的缺陷,并不是绝对有效的,因为计算机网卡的 MAC 地址很容易被修改。

5.8 课程设计 3：共享文件夹

5.8.1 实验目的

① 掌握如何共享文件夹并进行权限设置。
② 掌握连接到 Windows 网络资源的各种方法。
③ 掌握如何在活动目录中发布和共享文件夹。

5.8.2 实验内容

① 创建一个文件夹,对其共享并进行权限设置。
② 用 Windows 资源管理器连接到 Windows 网络资源。
③ 在活动目录中发布和共享文件夹。

习　题

1. 填空题

(1) 计算机网络中的主要拓扑结构有 _____、_____、_____、_____ 和 _____ 等。

(2) 按照网络的分布地理范围,可以将计算机网络分为 _____、_____ 和 _____ 3 种。

(3) 计算机网络在逻辑功能上可以划分为 _____ 子网和 _____ 子网两个部分。

(4) CSMA/CD 技术包含 _____ 和 _____ 两个方面的内容。

(5) 在数据通信(串行通信)中,通信线路的通信方式有 3 种基本形式,即 _____、_____ 和 _____。

2. 问答题

(1) 简述局域网的特点。

(2) 网络层次结构的主要特点是什么?

(3) 列举计算机网络中的 3 种信道连接方式及其特点。

(4) 网络管理的方向可分为哪 5 大类?

(5) 请列举 3 种网络上经常共享的资源。

第6章 网吧组建设计

【本章要点】
➤ 掌握网吧组建的设计方案
➤ 熟悉网吧服务器配置
➤ 熟悉常用的网吧管理软件
➤ 能够组建小型网吧

6.1 设计方案

网吧目前所提供的服务,如浏览网页、网络游戏、在线看电影和远程教育等最基本的服务都与网络有关,网络质量的好坏直接决定了网吧的生存能力。所以,如何规划一个优质的网络环境,是网吧经营者必须要考虑的一个要点,其中网吧的综合布线占了很大的因素,主要有两大部分:电源布线和网络布线。

6.1.1 电源布线

网吧电源系统的布线,可以分为设计、施工和验收 3 个步骤,在这 3 个步骤中需要注意如下规则和事项。

1. 布线设计

现在市电供应系统普遍采用三相四线制供电模式,建议仍在使用两相供电的网吧更换为三相四线制的供电模式。对于普通网吧来说,网吧的主要用电源系统有如下几种。

① 空调。对网吧来说,空调已经成为一种标准配置,一般都使用柜式空调,这种空调的功耗都很大,每一台功率一般为 3 500～4 500 W。因此,在设计电源布线系统时,必须给空调配备专用电源线路。

② 计算机。在对网吧电源系统进行布线设计时,一般容易产生误区,认为计算机使用的电源线随便拉一根都行。其实,网吧内总负载最大的还是计算机,在不配备音箱的情况下,功率一般在 150 W 左右,机器数量增多,功率就明显增大。因此,网吧计算机使用的电源线,不应该是逐一串联的模式,而是使用分组点接,具体做法如下:每隔 1.5 m 左右接入一支 10 A 三芯标准插座作为一个点,再将上述多孔插座接入,在 1.5 m 的范围内,将会有 4～5 台计算机使用这一个插座接入电源;然后,可根据实际情况把计算机按 10 台或 16 台为一组,每组由一个开关控制,整个网吧可以分为 4～6 组或者更多的组。

根据每条主干的负载,合理选择电源线的型号。一般来说,主干线路使用铜芯线,下面的分支线路可以使用铝芯线。同时,根据电源的负载合理选择不同规格的电源线。

③ 网络设备和照明设备。对于有专业机柜的网吧,建议对交换机、路由器等价值较高的网络设备加 UPS 后备电源,以保护网络设备的安全。

2. 具体施工

① 电源布线应该与房间装修同步进行,为了网吧环境的美观,不宜将电源线布置在明处,可以放置在 PVC 管道或专用的电源线通道中。

② 对于比较重要的主干线路,最好在布线施工时多布设一条线路作为备用线路。同时,为避免影响网线和电话线的传输质量,电源线最好单独走一个管道或者 PVC 槽子。对于一些不易进行二次施工的管道,务必布设备用线路。

③ 选择电源主干和分支线路的规格时,建议在目前负载功率的基础上,上调 50%～80%,以满足未来网吧机器升级时的供电需求。

④ 在布设电源线时,应该做标记。每个开关控制哪条线路,都应该有详细的记录。

3. 验 收

所有电源布线工作结束后,必须在所有的布线管道未封闭之前进行一系列的验收和检测。电源系统的检测,主要分以下几个方面。

① 测试所有设备工作是否正常。网吧电源布线工作结束后,需测试所有的线路是否能够正常工作,空气开关工作是否正常。

② 网吧全负载运行。进行第一步测试后,把网吧内的设备分批打开,并逐步达到网吧的全负载功率运行。全负载运行的时间最好在 24 h 以上,这样才能检验电源布线系统的真正性能。在全负载运行过程中,如果出现开关自动跳闸或者保险丝被烧断的情况,则一定要仔细检查原因。

③ 网吧超负荷运行。经过全负载运行后,可以进行短时间的超负荷运行,以检测电源系统的质量和抗压性能。超负荷运行的时间可以在 10 h 左右,根据实际情况进行测试。

4. 注意事项

网吧电源布线的整个过程中,必须高度重视每一个问题,一些很小的失误就可能造成无法估计的损失。

① 地线的安装。在计算机的三相电源插头中,负责接地的那一芯没有电源线,缺乏有效的接地措施。但是,网吧内计算机和一些网络设备,在正常工作中外壳都可能产生一些静电,如果没有有效的接地措施,静电积累到一定程度,可能会烧坏硬件或者击伤人。因此,在网吧电源布线时,必须安装地线。

② 避雷措施。在许多技术人员眼里,避雷似乎与网吧毫不相关,但是,如果网吧没有良好的避雷措施,遇到雷击时,可能会烧毁网吧内所有的设备。

③ 备份线路。对于网吧电源系统的主干线路或一些不方便检修的线路,一定要布设备份线

路,如果主线路损坏,立即更换成备份线路。布设备份线路也是提高网吧自身竞争力的一大措施。

④ 高质量的配线间。对于百台以上计算机的网吧,在设计电源系统时最好准备一个独立的空间来安装控制开关、UPS 及其他的网吧电源设备。

⑤ 在使用三相四线制供电系统的网吧,设计电源系统时,要保证三根火线的负载不要相差太大,差值以 500 W 左右为最佳。

网吧电源系统的布线,最好找专业的电工技师或者专业的综合布线人员来做,并且要做好布线的档案记录工作,每一条电源线的负责范围、走向如何等都要记录在文档中,以方便日后维护。

6.1.2 网络布线

网吧网络综合布线比网吧电源系统布线更复杂,不但要考虑到网络布线,还要考虑到网络设备的安装位置、网络通信介质的选择等因素。

1. 网络布线设计

网络布线必须根据网吧的网络结构来设计。目前,网吧一般都是路由器—主交换机—交换机—客户机的网络模式。在网络布线设计前,必须了解以下两点基础知识。

① 双绞线的最长通信距离。目前,网吧内使用最多的就是超 5 类双绞线,理论上其点与点之间最大的通信距离是 100 m,而实际上只有 95 m。所以,在进行网吧网络布线设计时,建议最好先测量一下点与点之间的实际距离。

② 交换机最大的级联数目。对一些面积较大的网吧,机器数目多且位置分散,交换机通常需要级联,而级联的最大数目不能超过 5 个。也就是说,双绞线借助于交换机的级联可以延长传输距离,但理论上最长不能超过 500 m。

2. 布线施工及注意事项

① 双绞线正确接法。根据网络布线标准,双绞线有 568A 和 568B 两种标准接法,目前使用最广泛的接法是 568B 接法。由于现有网络设备都是智能型设备,支持 568A 和 568B 两种接线标准,因此,建议使用 568B 的接线标准。568B 接线标准中,定义的标准线序是橙白、橙、绿白、蓝、蓝白、绿、棕白、棕,从左至右是 1 号线至 8 号线;568B 的接线标准就是水晶头的两端都使用标准的线序。

② 选择质量过关的水晶头。选择水晶头时,中档品牌就完全可以了,但千万不能选择低档的劣质货。劣质水晶头长时间使用后,里面的金属卡片网线容易接触不良,造成网络传输质量差。

③ 交换机位置的选择。无论是主交换机还是二级交换机,在选择安装位置时,一定要把交换机放置在结点的中间位置,一方面可以节约网线的使用量,另外还可以将网络的传输距离减小到最短,从而提高网络传输质量。

④ 合理布置双绞线。在布线时,可以把双绞线放在 PVC 管或专业的线槽中,双绞线经过的地方,尽量不要有强磁场、大功能的电器(空调)、电源线等,否则会大大降低网络传输质量。

⑤ 尽量布置备份线路。双绞线都有一定的使用寿命,加上客观自然条件的影响,双绞线的损坏是正常的事情,所以进行网络布线时,对于主交换机和二级交换机之间的级联线,至少要布放1～2条备份线路。交换机至工作站之间的双绞线,可以根据网吧的实际情况,布放一定数量的备用线路。

⑥ 给线路编号。网络布线时,对每条双绞线都进行编号,并且双绞线的两端要做相同的编号。为方便日后维护,双绞线每隔一定的距离最好也做上编号,特别是比较长的双绞线。

注意:网络布线时,双绞线的两端,最好预留2～3 m的长度,水晶头出现故障时这条线还有再利用的价值。

3. 检　测

① 网线测试。网线布设完毕、水晶头安装在两端后,立即用网络测试仪测试线路是否可以正常工作。如果不行,则可以判定水晶头与网线连接不好,这就需要重做水晶头并测试,一直到网线可以正常工作为止。

② 网络设备测试。网络设备安装完毕,通电后进行测试。先测试所有的网络设备包括网线是否工作正常;然后测试点与点之间的网络传输速度;最后测试一点对多点的网络传输速度。

③ 综合测试。测试外部网络和内部网络的互连互通性能,主要包括下载速度测试、网络游戏顺畅程度、在线电影流畅度等。如在测试中发现问题,一定要仔细查找原因并解决。

6.2　解决方案

6.2.1　网络设备的选择

网吧是一个大型公共上网场所,上网的人又多又杂,这给网络带来了很大负担,而网吧在组网时,又必须根据实际情况选择对应的网络设备。从上网方式来看,目前网吧组网有网线和无线两种方案,网线组网是最常见的方式,但根据网吧的规模大小不一,档次不同,在网络设备的需求上也不一样,一般而言,小规模网吧由于经济有限,而且以日常上网娱乐为主,选用基础网络设备即可(如网卡、路由器等),而中型或大型网吧由于要面对更多主流应用,此时还必须使用一些辅助网络设备(如防火墙、服务器等)。

1. 网吧无线专用设备

一些网吧为了满足特殊用户需求,同时增加网吧的第三方收入,不少网吧会附带其他营业项目,例如专门提供一个休闲场所,此区域往往会采用无线组网,以提高网吧的层次。

(1) 无线网卡

为了减少投入资金,网吧无线上网专区多数还是采用液晶台式机,台式机价格便宜,性能优越,扩展性强,散热更好,适合网吧的长时间工作。要让台式机与无线接入点进行无线连接,这个时候就需要用到无线网卡了,由于台式机基本不会内置无线模块,一般而言,台式机可选择 PCI 和 USB 两种接口的无线网卡,但考虑到网吧的环境,应该选择内置的 PCI 无线网卡,而外置的 USB 无线网卡容易丢失。对于一些高档休闲网吧,为了吸引更多的网民,也会考虑使用笔记本电脑,而主流笔记本电脑基本都内置了无线网卡,直接就可以与无线 AP 或无线路由器对接使用。

（2）无线路由器

无线路由器比较适合中小型网吧使用,例如一家 150 台计算机的网吧,希望单独分出 50台计算机用于组建无线上网专区。在接入方式上,100 台有线组网区可选择 10 Mbit/s 光纤接入,为了节省费用,50 台无线上网专区一般采用 4 Mbit/s ADSL 接入即可,此时必须使用无线路由设备,考虑到该无线组网的场所比较集中,距离吧台管理的距离也不远,普通无线路由器完全能够进行信号覆盖,而且无线路由器价格便宜,要完成室内 50 台计算机的无线路由功能,建议选择 108 Mbit/s 速度的产品,使用时将 ADSL 接入无线路由器,无线路由器连接一台管理主机,在主机上管理并设置无线路由参数,其他计算机对无线网卡进行设置即可。

（3）无线 AP

对于 200 台或 300 台以上计算机的主流网吧,为了提高网吧的速度,同时方便管理,一般会直接采用 1 根 1 000 Mbit/s 光纤或两根 100 Mbit/s 光纤接入,这些网吧很少使用 ADSL 接入。这样,网吧中的所有计算机都通过一台主机进行管理,光纤接入处需要采用网络防火墙或路由器进行路由工作,整个网络资源都是互通的,如果要独立分出 100 台计算机进行无线上网,由于光纤接入处已经有了路由设备,不适合使用无线路由器了,此时必须选择一个无线AP,采取无线接入点进行无线覆盖,方法是将无线 AP 接到路由设备或交换机上,而无线上网专区的计算机通过无线网卡与无线 AP 进行联网即可。

（4）无线交换机

网吧行业的竞争日益激烈,越来越多的办公、休闲娱乐等活动进入网吧,真正的无线网吧开始流行。无线网的接入可以提升网吧的品牌形象,在网吧的无线组网中,一般用无线网络和千兆光纤的结合来组网,尽管无线 AP 可完成无线组网工作,但由于无线 AP 必须逐一管理、单个进行;不可能在整个系统内查看到网络可能受到的攻击与干扰,从而影响了负载平衡的能力,而且无线 AP 不能区分无线话音等实时应用与数据传输应用。一旦某个接入点遭遇盗窃或破坏,安全将得不到保证。如果以 WLAN 无线交换机为核心,然后搭配简单接入点进行集中式管理,无线交换机替代原来二层交换机的位置,非常适合接入点在 300 点左右的成长性大中型网吧采用。

2. 有线网吧专用设备

对于采用最广泛、技术最成熟的网线组网方式,多数网吧业主都因无线网络的性能问题而避开。不过,为了让大家进一步了解网吧组网知识,以便于网吧设备的后期采购,对有线网吧组网的必备网络设备的介绍还是非常必要的。

（1）千兆 PCI 网卡

现在市场上的主流主板都集成网卡，因此，网吧用户直接使用板载网卡即可组网。对于一些早期的网吧，由于以前采用普通 ADSL 或 100 Mbit/s 以下光纤接入，而网卡为普通 100 Mbit/s 网卡，但目前需要提升网吧速度，因而改用了 1 000 Mbit/s 光纤接入，假如路由设备、交换机都更换为 1 000 Mbit/s 端口，而原来的 100 Mbit/s 网卡显然成为瓶颈，此时就需要为计算机增加一块 1 000 Mbit/s 高速 PCI 网卡，当然就需要将之前的 100 Mbit/s 网卡屏蔽掉，以实现整个网络速度千兆到桌面的需要。

（2）宽带路由器

宽带路由器是网吧使用的最基本的网络设备，它主要负责 ADSL 或光纤的路由工作。一般而言，在家庭、SOHO 办公中，直接使用路由器即可完成组网任务，毕竟局域网内的计算机数量不多，正是因为路由器的端口少，扩展性有限，而且不具备丰富的管理功能，无法承担网吧 100 台以上计算机的同时联网需要，所以在网吧应用中，路由器必须搭配交换机使用，在实际应用中，路由器的 WLAN 端连接宽带接入点，而 LAN 接口与计费主机、视频服务器、防火墙和交换机进行连接，下级交换机又可同时连接多个交换机，以完成网吧多台计算机的联网需要。

（3）网吧交换机

与路由器一样，交换机也是网吧组网中不可缺少的网络设备，它的主要任务是 WLAN 广域网接口连接上级路由器，而 LAN 局域网接口则连接网卡 LAN 接口或其他交换机的 WLAN 接口。因而可以知道，在网吧组网中，往往需要多台交换机，毕竟多数交换机只提供了 24 或 48 个 LAN 接口，而网吧的最小规模则为 60 台，对于 100 台内的小型网吧，选择 3 个 48 口普通交换机即可，而对于几百台的主流网吧，需要选择一台网管交换机与路由器连接，将其作为中心交换机，该交换机的下级再连接几个非网管交换机，中心交换机通过 Web 管理功能负责各种管理任务。

（4）光纤收发器/网线

光纤收发器在网吧中应用很少，它一般应用在小区智能光纤宽带中，在网线无法覆盖、必须使用光纤来延长传输距离的网吧中也有应用，且通常在宽带城域网的接入层使用。光纤收发器可分为单模光纤和多模光纤两种，前者传输距离 20～120 km，一般应用在大型企业中，而后者传输距离 2～5 km，符合网吧的应用需求，例如对于采用光纤接入的大型网吧，如果有的上网区离光纤接入点比较远，此时就可以用光纤收发器配合交换机，将双绞线电信号和光信号进行相互转换，确保了数据包在两个网络间顺畅传输。

网线是所有计算机网最常用的设备，虽然网线价格便宜，也是大家认为最不起眼的东西，但它的质量好坏，决定了网吧网速的快慢，网线由外皮的 PVC 塑料和里面的铜芯组成，它们决定了网线的成本。按照现在的铜价，一箱网线铜的成本就在 400 元左右，但厂商为了节省成本，往往掺杂铁、铝混合材料，所以一箱网线的价格只要 200 多元，劣质网线的阻抗比较大，信号传输过程中的电磁辐射量较大，信号衰减较为厉害，阻燃性差，易受电磁干扰和射频干扰，严重影响了网络速度,所以建议网吧选择品质好的网线。

3. 网吧组网通用设备

网吧有线组网具有速度可靠、网络稳定的特点,而无线组网可为网吧节省费用,也有利于后期管理,这两种组网方法在设备的选择上差异很大,不过根据网吧的特殊性,二者需用部分通用组网和网吧管理设备。

(1)网络防火墙

对网吧环境而言,上网人数多、上网用户操作水平不一,网吧计算机非常容易受到病毒、木马、黑客的入侵,尽管路由器、交换机也提供了防火墙、安全设置等功能,但只能从"表面"防止病毒入侵,然而宽带网络防火墙则不同,它就是专门为宽带网络提供的安全设备,提供了专业硬件级防火墙和网络安全功能,可以将黑客拒之于第一道防线外。在实际使用中,网络防火墙一般安装在宽带接入处,并且与路由器搭配使用,然后再连接交换机进行组网。现在不少宽带防火墙同时提供了路由功能,这样就可以省去安装路由器,此时宽带防火墙承担安全和路由的双重作用。

(2)网吧服务器

网吧计算机众多,应用内容多样,为了方便管理,往往需要使用一台管理主机,管理主机的作用是负责各计算机的管理和计费任务,实际上,这台管理主机并不是服务器,只需使用一台普通计算机即可。而对于主流网吧的视频电影、游戏等应用,则需要准备一台专用的服务器。网吧可选用中小企业级用的专用服务器,这类服务器一般采用塔式结构,和普通计算机主机没什么区别,所不同的是内部配件采用服务器专用设备,具有速度稳定、处理能力强、数据交换快和散热出色等特点,可满足网吧网络游戏、视频点播等使用需求,网吧电影服务器、游戏服务器一般直接与交换机连接,并安装一些视频点播、游戏代理等软件平台,其他计算机通过共享的方法直接访问服务器上的各种程序。

(3)网吧管理软件

与普通办公不同的是,网吧局域网不仅要实现计算机同时上网,还必须对各计算机进行管理工作,网吧的经营又要长久赢利,必须考虑到会员制管理模式,其中最常见的就是上网计费管理、会员管理、数据网络克隆、远程关机等功能,网管软件一般安装在吧台的计算机上,方便营业员对网民上网时的登记、收费和各计算机控制等任务。一般而言,网上有很多网管软件下载,但由于是免费的,而且不针对网吧推出,使用时会出现各种问题,建议购买使用那些专门为网吧推出的正版网管软件,因为有了正式的授权,不仅稳定性好,而且软件商还会提供后期技术支持。另外,网吧的每台计算机也必须安装软件防火墙和杀毒工具,很多软件商都推出了网吧专用或网络版杀毒工具。

6.2.2 网吧接入方式的选择

在网吧行业竞争日益激烈的情况下,网吧的上网速度无疑非常关键,而网速的快慢与网吧的上网接入方式有直接关系。一般而言,一些小型网吧为了节省费用,往往会采用普通 ADSL

接入方式,而对于大型网吧,则会采用带宽更大的光纤接入,或采用 ADSL 与光纤混合使用,有些网吧为了特殊需要,采用最新的卫星接入,而且无线组网也开始被一些高档网吧采用。毫无疑问,不同的上网接入方式,它们在网络设备要求、组网方式及上网费用等方面也不同,网吧业主需要根据实际情况,选择最适合的网吧上网接入的组网方案。

1. 实用为本:网吧有线接入方式

网吧有线组网是最传统、最稳定,也最为经济实用的组网方案,目前中国电信、中国网通主要提供了 ADSL 和光纤两种接入方式,这也是目前大多数网吧采用的接入方式。但根据实际情况的不同,不同的网吧又选择了不同的接入组合,这些组合包括单 ADSL、双 ADSL、单光纤、双光纤和 ADSL+光纤等。

(1) ADSL 接入方式

ADSL 接入方式是比较通用的,因为这种接入方式只要有承载电话的地方,就可以轻松实现接入,如果选择 ADSL 接入,必须考虑网速的问题,一般而言,目前中国电信和网通只提供了 2 Mbit/s,4 Mbit/s,5 Mbit/s,8 Mbit/s 几种适合网吧的接入方式,如果选择 2 Mbit/s AD-SL 线路,也只能勉强提供 25~30 人同时上网使用,但上网速度会比较差,4 Mbit/s ADSL 线路可满足 40 台机器使用,上网速度可以接受,而 5 Mbit/s ADSL 线路可勉强满足 60 人同时上网需要,但效果不理想,8 Mbit/s ADSL 线路一般可满足 80 台计算机同时上网。然而对网吧用户而言,在网吧上网接入方式上,必须根据网吧的实际规模选择对应的 ADSL 接入带宽。图 6-1 所示为网吧单 ADSL 接入方案。

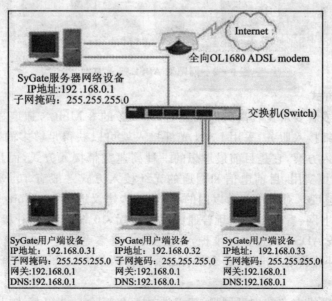

图 6-1　网吧单 ADSL 接入方案

一般情况下,为了方便管理和维护,以及节省上网费用,不建议网吧采用3条或更多条接入线路,而单条或两条是理想选择。现在网吧最小规模至少达到60台机器,至少需要3条2 Mbit/s线路,这样不仅维护麻烦,反而增加了上网费用,所以建议小型网吧选择两条5 Mbit/s ADSL线路或一条8 Mbit/s ADSL线路,如果是150台机器左右的中小型网吧,需要选择两条8 Mbit/s ADSL线路,图6-2所示为网吧双ADSL接入方案,至于200台机器以上的中型网吧,建议采用光纤接入方式,但前提是要确保该地区具有光纤接入服务,如果实在没有光纤接入服务,那只好采用3条或更多条8 Mbit/s ADSL线路了。

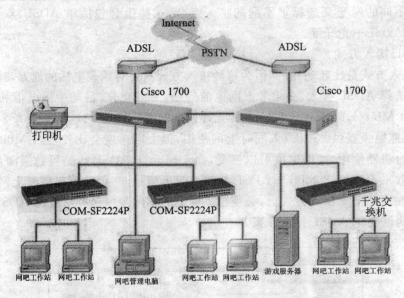

图6-2 网吧双ADSL接入方案

(2)光纤接入方式

对于大型网吧或者要求比较高的网吧而言,ADSL的8 Mbit/s速度显然不够用,如果网吧所在的地区有光纤接入服务,采用LAN光纤接入就可以获得足够多的带宽资源。图6-3所示为网吧光纤接入方案,它是目前最理想的一种高速宽带接入方式,而且在维护、上网费用上也比多条ADSL更实用,目前电信和网通的光纤接入方式一般有10 Mbit/s,100 Mbit/s,1 000 Mbit/s 3种速度。对于100台以内的小型网吧,建议选择10 Mbit/s光纤接入,这类网吧一般只提供日常上网、看电影以及玩普通游戏等应用,10 Mbit/s光纤接入速度应该能满足需求,而且比起两条ADSL线也更好维护,速度更快、速率更稳定,如果这类网吧定位比较有特色,例如专门针对游戏用户准备,那么就有必要选择两条10 Mbit/s光纤或单条100 Mbit/s光纤接入了。

对于200台计算机左右的中型网吧,建议选择100 Mbit/s光纤接入,以满足看电影、玩游戏等多种应用需求,对于网吧的游戏专区,有必要的情况下建议选择1 000 Mbit/s光纤接入,

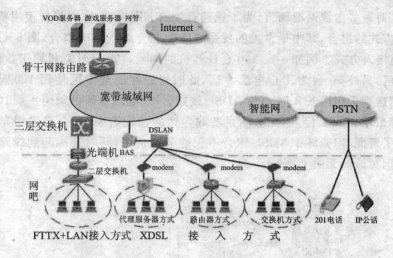

图 6-3　网吧光纤接入方案

对于 300 台计算机以上的大型网吧,由于网吧计算机多,网络设备的承载能力有限,因而建议选择两条 100 Mbit/s 或 1 000 Mbit/s 光纤接入,而且建议选择一条电信线路,一条网通线路。图 6-4 所示为网吧双光纤接入方案。因为电信和网通在相互访问上具有"延迟",这对玩网络游戏的用户非常不利,应该实现当内网用户访问中国电信的 IP 范围时,内网流量全部通过电信线路流出,即电信流量走电信线路,网通流量走网通线路,且在其中某条线路发生故障时能快速将发生故障线路上的流量转移到正常的线路上,以保障内网上网的正常进行。

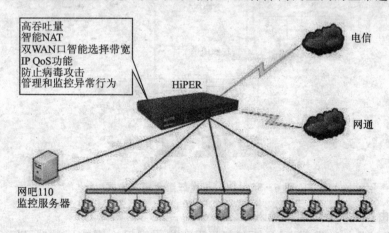

图 6-4　网吧双光纤接入方案

（3）ADSL＋光纤组合接入

不管是新网吧的初期投资,还是老网吧的升级,很多网吧的经营者都在寻找经济有效的接入方式,特别是对一些主流网吧而言,为了达到有效的上网速度,同时降低使用费用,那么需要采用多种接入方式的组合,其中最常见的就是 ADSL 与光纤线路的组合,图 6-5 所示为 AD-SL 与光纤组合接入方式。例如一家 250 台计算机的网吧,100 台计算机属于普通上网区,100台属于游戏专区,另外 50 台为用户电影专区,此时可以在游戏专区使用 100 Mbit/s 光纤接入,而普通上网区则采用两条 8 Mbit/s ADSL 线路,另外电影专区可采用一条 10 Mbit/s 光纤线路,如果全部采用 ADSL 接入,无法满足游戏专区的速度需要,而全部采用光纤接入,普通上网区又浪费了资源,但光纤+ADSL 组合不仅能节省费用,同时又能起到线路备份的作用,保证网吧不会因掉线而无法上网。

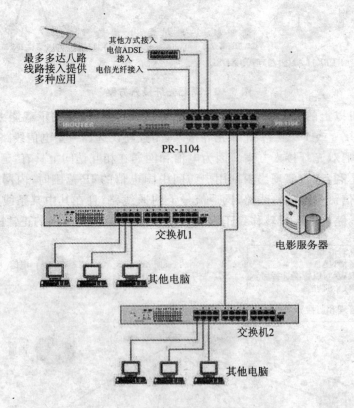

图 6-5   ADSL 与光纤组合接入方式

2. 新的自由:网吧无线组网接入

网吧行业经过几年的发展,已经不仅仅局限于提供网民上网或玩游戏,随着网民的需求,现在出现了很多高档、具有特色的网吧,例如咖啡屋网吧、迷你网吧、休闲网吧等,图 6-6 所示为气氛浪漫的现代时尚网吧。这类网吧不仅提供上网服务,同时还有很多特色服务,网吧的环境、装饰、情调都富有现代时尚的优雅色彩,很多追求高品位的人士喜欢来这种休闲娱乐网吧,特别是在经济比较发达的大城市。

　　毫无疑问,如果这类网吧采用有线组网方式,显然各种线缆的连接会影响网吧的形象,零乱的网线到处都是,明显不符合高档娱乐休闲的风格,因此采用无线组网方式,如图 6-7 所示。就样可以很好地避免因线缆连接带来的弊端,也可以提升网吧内环境的整体形象。另外,网吧计算机采用无线接入方式,也方便后期维护管理。

　　值得注意的是,这里说的无线接入方式,只是说网吧的局域网组建方法,但它的 WLAN 端依然是采取 ADSL、光纤或其他接入方式提供上网服务。当然,也可以选择一些

图 6-6　气氛浪漫的现代时尚网吧

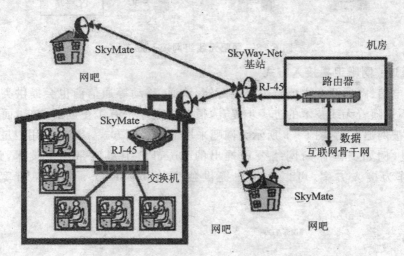

图 6-7　网吧无线上网接入方式

运营商提供的无线 WLAN 宽带接入,这样就彻底摆脱有线的干扰了,但在费用和速度方面可能比较令人担忧,WLAN 无线接入方式一般适合企业用户,尽管无线组网在设备投资、后期维护等方面费用较高,也有不少特色网吧(如咖啡网吧、休闲网吧)开始采用无线组网方案,但在目前的无线技术下,其速度、安全性、稳定性始终无法满足主流网吧需求,如果网吧的定位主要是为了满足用户玩家需要,那么无线组网显然不是很合适。

　　一般而言,网吧采用无线组网,一般是适合特定的用户,例如网民主要为了在网吧里实现浏览网页、聊天、收发邮件等基本上网功能,或者在网吧里只使用 QQ,MSN,Netmeeting 等进行视频通信或播放网络音乐,或者玩各种普通网络游戏,或者在网吧里享受局域网内服务器提供的看电影、玩游戏等服务,不涉及太多大型网络 3D 游戏,采用无线组网是完全可行的方案。图 6-8 所示为网吧无线组网接入方案。

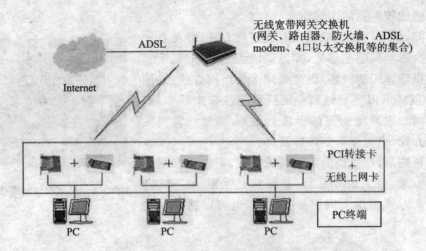

图6-8　网吧无线组网接入方案

3. 高速互连：网吧卫星接入方式

国内除了电信、网通两个主要宽带提供商外,铁通、移动等通信商也会提供类似的网吧上网接入方案,不过随着无线技术的进一步提升,很多网吧业主有了更新的要求,而卫星宽带网络技术也陆续被网吧采用,图6-9所示为网吧采用卫星接入方式。网吧采用卫星接入方式的优势比较明显,例如美国休斯网络公司推出的 DirecPC 卫星宽带网络技术,该技术使用 DirecPC 系统作为接入方案,可以为用户提供独享的 464 Kbit/s 网络总带宽,并且拥有

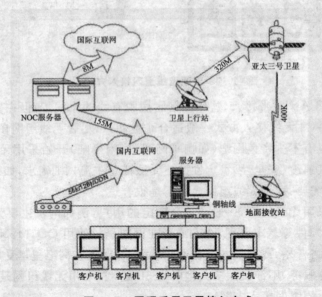

图6-9　网吧采用卫星接入方式

99.99％的接通率,不限流量,服务费仅为 1 500 元/月,显然可以为网吧业主节省费用,更为重要的是,它对计算机的配置要求并不高,基于 Windows 9X/或 NT 4.0 操作系统的中档 PC 即可满足需求,这对那些希望组建无线网络的网吧非常适合,不过这也只是作为目前网吧接入方式的补充。

　　如果采取卫星接入方式,组网是比较复杂的,需要服务提供商进行专门组网,使用时配上 0.75 m 专用卫星天线,PCI 式卫星接收卡,专用驱动及应用软件套件。用户上网时拨通 ISP 电话,ISP 会将用户的请求发送到卫星地面站,再将用户请求的内容通过卫星发给用户。图 6－10 所示为卫星宽带接入的解决方案。

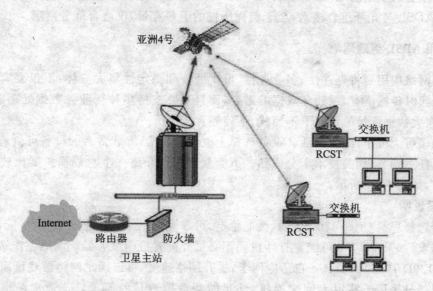

图 6－10　卫星宽带接入的解决方案

　　但需要注意的是,目前国内这种接入服务的机构非常少,而且办理手续比较麻烦,条件也比较苛刻,甚至一些地区的政府不允许网吧采用国外的卫星技术。但依然有不少公司专门代办这类服务,例如可代办网吧牌照,提供相关手续,如果有条件使用卫星接入方式,不仅可节省网吧业主的经营和管理费用,而且可把这种接入方式当作宣传和炒作的对象,往往会提升网吧的档次和形象,利于网吧的生意。

　　不同的网吧会采用不同的上网接入方式,而这样也造成了在上网费用上的差异,为了方便用户了解投资网吧中遇到的开支预算,不妨来分析几种接入方式的上网使用费。需要注意的是,不同城市、不同宽带提供商,提供的宽带上网费用也有部分差距,网吧属于企业用户,在同样的带宽情况下,其宽带费用要远比家庭用户多。10 Mbit/s 光纤线路的费用几乎是 2 Mbit/s ADSL 的 10 倍,但速度也只有 2 Mbit/s ADSL 线路的 5 倍,显然,采用 ADSL 接入要比光纤的性价比高。至于 4 Mbit/s,5 Mbit/s,8 Mbit/s 的 ADSL 线路,其对应的 100 Mbit/s,1 000 Mbit/s 光纤接入,在价格的对比上,光纤接入的费用非常昂贵,动辄 10 万元的宽带费,对于没有经济实力或者顾客资源不好的网吧,显然难以承受。

因而,如果是小型网吧,或者是主流网吧的一些普通上网,采用 ADSL 接入依然还是省钱的选择,但对于主流网吧,考虑到一些特殊需求,有时需要采用光纤接入,例如速度要求高的游戏专区,必须采用光纤接入,否则游戏速度不可靠,不能够吸引更多的网民。一般而言,100 台机器内的小型网吧采用 ADSL 接入,而 150 台机器的中小型网吧可以考虑采用光纤接入,而对于 250 台左右的中型网吧,建议采用光纤接入,至于 300 台以上的大型网吧,建议按照实际需要,选择 ADSL 与光纤组合接入,至于前面所说的卫星宽带,仅适合部分网吧。

6.2.3 利用 ADSL 组建网吧

网吧的网络应用要将先进性、多业务性、可扩展性和稳定性集为一体,不仅要满足顾客在宽带网络上同时传输语音、视频和数据的需要,而且还要支持多种新业务数据处理能力,上网高速畅通,在大数据流量的情况下不掉线、不停顿。

网吧规模可大可小,配置灵活。设备选择上也十分灵活,有非常多的设备可供选择。规模可根据实际任意调节,相关技术十分成熟。下面就来简要介绍一个对规模扩展比较灵活的网吧搭建方案,如图 6-2 所示。

1. 方案说明

路由器选择思科 Cisco 1700 系列,性能稳定,可靠性高,延迟小,速度快,成本低,符合网吧对速度的需求,如采用 1700 可配置打印机而不必另外配置打印服务器。网吧工作站采用高性能的科盟 8139D 10/100 Mbit/s 自适应网卡,提升网络速度,可以满足网络游戏玩家的要求。

服务器部分采用千兆以太网交换机,满足游戏数据流量的需求。普通交换机选型除图 6-2 中所列型号外,可根据实际情况灵活选择科盟智能型交换机 COM-SF2224P,或者是科盟双速交换机 COM-SF1024/1016 等。

局域网通过 ADSL 上网,性能高,价格便宜。对于大型网吧,由于网络中结点数较多,数据流量较大,此时可通过申请多条 ADSL 线路提升上网速度(图 6-2 中为两条),同时还可以提高整个网络稳定可靠性,起到一定的备份作用。科盟科技网络设备品种较多,性能稳定,用户可以从实际需要出发,根据网络需求,灵活选用。

2. 方案特点

① 可根据实际需要,灵活控制局域网内不同用户对 Internet 的不同访问权限;

② 内建防火墙,无需专门的防火墙产品,即可过滤掉所有来自外部的异常信息包,以保护内部局域网的信息安全;

③ 集成 DHCP 服务器,网络中所有计算机可以自动获得 TCP/IP 设置,免除手工配置 IP 地址的麻烦;

④ 灵活的可扩展性,根据实际连入的计算机数利用交换机或集线器进行相应的扩展;

⑤ 经济适用,使用简单,可通过网络用户的 Web 浏览器(Netscape 或者 Internet Explorer)进行路由器的远程配置。

需要注意的是,在理论上,Cisco 1700 可最多连接 255 台客户机。但考虑到连接数量过大时,它的处理能力就会下降,同时网络速度也会受到影响,通常推荐连接客户机小于 100 台,以 70～80 台为最佳配置。这样,既能够保证网络速度不受影响,又能够充分利用资源,节省资金投入。

6.2.4　利用光纤 LAN 组建网吧

光纤 LAN 也就是 FTTX+LAN,这是一种利用光纤加 5 类网络线方式实现宽带接入的方案,实现千兆光纤到小区(大楼)中心交换机,中心交换机和楼道交换机以百兆光纤或 5 类网络线相连,楼道内采用综合布线,用户上网速率可达 10 Mbit/s,网络可扩展性强,投资规模小。另有光纤到办公室、光纤到户、光纤到桌面等多种接入方式满足不同用户的需求。FTTX+LAN 方式采用星形网络拓扑结构,用户共享带宽。

利用 FTTX+LAN 组建网吧,是一种豪华型的接入方案,如图 6-3 所示。

1. 方案说明

网吧配备小型交换机、路由器,通过光纤方式接入宽带城域网,连接 Internet。

2. 方案特点

① 光纤接入、高速稳定。光纤是宽带网络多种传输媒介中最理想的一种,传输容量大、距离远、损耗小,在速度与稳定性方面具备得天独厚的优势;

② 独享带宽、速率稳定。用户独享带宽,即使在上网高峰期,也不必担心速率降低;

③ 备份线路、双重保障。可根据网吧需求提供 ADSL 备份线路,给网吧双重保障。

6.3　165 网吧服务器

6.3.1　网吧服务器的设置

现在网吧越开越多,竞争也越来越激烈,每个网吧管理员都想通过提高网吧的性能从而提高网吧的竞争能力。网吧自身的性能与好的服务器当然密不可分,但只有高性能的服务器而没有将它的性能发挥到最佳,显然是把这台设备给浪费掉了,因此合理配置一台服务器就变得至关重要。下面就以一个网吧服务器的设置实例来介绍网吧所需的服务器配置和一些额外的服务。该网吧的配置如下。

交换机:一台实达 STAR-S2024M 作为主干交换机,然后是 7 台 24 口的实达 1824+交换机,8 台交换机构成星形网络;

路由器：Vigor 2003；

电影服务器：P4 1.6 GHz CPU、技嘉 845D 主版、Kingmax 256 MBDDR 内存、TNT2 显卡、D-Link 530 网卡、希捷酷鱼 5120 GB×2。

CS 服务器：P4 1.6GHz CPU、技嘉 845D 主版、Kingmax 256 MBDDR 内存、TNT2 显卡、D-Link 530 网卡、希捷酷鱼 440 GB。

1. CS 服务器的设置

目前还有部分人在网吧玩 CS 游戏，要想留住这些 CS 人群，就需要为他们建立一个专用的 CS 服务器。

① 硬件要求。服务器的最低硬件配置大概在 P3 500 MHz、内存在 128 MB 以上，建议还是用 P4 配置，这样，可以在一台服务器上多建几个 CS 服务器。

② 线路要求。线路通信速度当然是越快越好，可以把 CS 服务器架在主干交换机上，尽量提高 Ping 的速度，一般来讲，这个服务器进满 28 个人之后 Ping 值在 20 ms 之内，多了就会死机。

服务器端的设置方法如下。

第一种方法需要安装 HLserver 4108，然后升级到最新版，再安装 CS 1.5 最新版，最后设置一下基本参数。

第二种方法很简单，就是直接使用 CS 1.5 提供的 hlds.exe，这是最方便的办法，然后为 hlds.exe 建立一个快捷方式，在命令行里输入以下内容（注意空格）：

D\Hlserver\hlds.exe -game cstrike -port 27015 +maxplayers 28 +map de_dust2 -nomaster +sv_lan 1

其中：D\Hlserver\hlds.exe 为安装 hlserver 的目录；

-gamecstrike 指定运行游戏为 CS；

-port27015 指定游戏连接端口为 27015；

+maxplayers28 指定游戏最大人数为 28 人；

+mapde_dust2 指定开始地图为 de_dust2；

-nomaster 指定服务器不上 WON 认证；+sv_lan1 指定其为一个 LANServer。

CS 服务器人数设到最大值 32，但如果满了，就会掉帧，所以可以根据机器配置来设置人数，一台计算机可以设两个以上的服务器，只要把端口分开即可。

2. 电影服务器+Web 服务器的设置

为了吸引更多顾客，一些网吧架设了电影服务器。电影服务器的架设并不是很简单地设置共享硬盘，然后复制些电影就可以了。为了最大化地利用网吧资源，把电影服务器设为 Web 服务器，建议配置为 P4 1.7 GHz CPU、256 MB 内存、200 GB 以上硬盘（可以配置两个酷鱼 5 120 GB），系统建议装 Windows 2000 Server 版，如果装个人版，IIS 只支持 10 个人浏览，如果装高级服务器版，又会多安装很多无用的东西，所以服务器版的默认配置是比较适合 100

台机器以上的网吧。240 GB 硬盘可以装几百部 RM 和 AVI 格式的电影,并且 7200 转的硬盘也可以供很多人同时读硬盘。

电影服务器的建立方法如下所述。

一种方法是使用专用的软件,例如美萍 VOD 点播系统,此软件是一套功能强大、使用简单的 VOD 点播系统,其内置高效服务器引擎,采用多线程、多并发流处理技术,客户端支持 Web 界面点播或者应用程序界面点播两种界面。支持目前所有流行的媒体格式,并且自动生成网页文件,即使设置了禁止下载也不会影响点播。

另一种方法是使用 ASP 编的 Web 方式,利用共享或流媒体播放程序播放电影,例如"file://电影服务器名字/电影/电影名称",这样做可以把电影分类,并利于查找。也可以再建一个 FTP 服务器,共享电影,如果想要资源共享,使用 Serv-U 软件就可以很简单地实现了。当然,在路由器上也要映射一下默认端口 21,这样,可以建一个主页,然后通过路由器把 80 端口映射一下。

由于 Windows 2000 漏洞较多,所以装好之后,需要做以下几件事情。

(1) 打补丁

微软系统的漏洞较多,因此需要经常打补丁。使用"开始"→Windows Update 命令把所有的补丁都装进去即可。

(2) 删除默认共享

① 删除 IPC＄共享。Windows 2000 的默认安装很容易被攻击者取得账号列表,即使安装了最新的 Service pack 也是如此。在 Windows 2000 中有一个默认共享 IPC＄,并且还有诸如 admin＄,C＄,D＄等,而 IPC＄允许匿名用户(即未经登录的用户)访问,利用这个默认共享可以取得用户列表。要想防范这些,可将在"管理工具"→"本地安全策略"→"安全设置"→"本地策略"→"安全选项"列表中的"对匿名连接的额外限制"修改为"不允许枚举 SAM 账号和共享"。如此即可防止大部分此类连接,但是如果使用 NetHacker,只要使用一个存在的账号就又可以顺利地取得所有的账号名称。所以,还需要另一种方法做后盾。

- 创建一个文件 Startup.cmd,内容为一行命令"netshare ipc＄delete";
- 在 Windows 的计划任务中增加一项任务,执行以上的 startup.cmd,时间安排为"计算机启动时执行",或者把这个文件放到"开始"→"程序"→"启动"菜单下让它一启动就删除 IPC＄共享;
- 重新启动服务器。

② 删除 admin＄共享。

修改注册表:

HKEY_LOCAL_MACHINE\SYSTEM\CurrentControlSet\Services\lanmanserver\parameters 增加 AutoShareWks 子键(REG_DWORD),键值为 0。

③ 清除默认磁盘共享 C＄,D＄等。

修改注册表：

HKEY_LOCAL_MACHINE\SYSTEM\CurrentControlSet\Services\lanmanserver\parameters，增加 AutoShareServer 子键(REG_DWORD)，键值为 0。

（3）修改默认用户名

在"管理工具"→"本地安全策略"→"安全设置"→"本地策略"→"安全选项"的"重命名来宾账户"项中将 guest 改成 xyz 或者其他名字，更改"重命名系统管理员账户"。通过这些设置，这两个服务器就可以很安全稳定地运行了。

6.3.2 网吧服务器的安全

网吧服务器的安全性问题，对于网吧管理者来说至关重要，一旦有黑客进入，将会对管理者造成重大的威胁，下面就以 Windows 2000 服务器为例介绍如何提高网吧服务器的安全性。

1. 初级安全

（1）物理安全

服务器应该安放在安装了监视器的隔离房间内，并且监视器要保留 15 天以上的摄像记录。另外，机箱，键盘，电脑桌抽屉要上锁，以确保旁人即使进入房间也无法使用计算机，钥匙要放在另外的安全的地方。

（2）停掉 guest 账号

在计算机管理的用户里面把 guest 账号停用掉，任何时候都不允许 guest 账号登录系统。为了安全起见，最好给 guest 设置一个复杂的密码，做法是打开记事本，在里面输入一串包含特殊字符、数字、字母的长字符串，然后把它作为 guest 账号的密码复制进去。

（3）限制不必要的用户

去掉所有的 duplicate user 账户、测试用户账户、共享账号、普通部门账号等。用户组策略设置相应权限，并且经常检查系统的账户，删除已经停用的账户。这些账户很多时候都是黑客们入侵系统的突破口，系统的账户越多，黑客们得到合法用户权限的可能性一般也就越大。

（4）创建 2 个管理员用账号

虽然这点看上去和上面一点有点矛盾，但事实上是服从上面规则的。创建一个一般权限账号用来收信以及处理一些日常事务，另一个拥 administrators 权限的账户只在需要的时候使用。可以让管理员使用 RunAS 命令来执行一些需要特权才能做的工作，以方便管理。

（5）把系统 administrator 账号改名

Windows 2000 的 administrator 账号是不能被停用的，这意味着别人可以反复尝试该账户的密码。把 administrator 账户改名可以有效地防止这一点。当然，请不要使用 admin 之类的名字，改了等于没改，尽量把它伪装成普通用户，例如改成 guestone 等。

（6）创建一个陷阱账号

创建一个名为 administrator 的本地账户，把它的权限设置成最低，什么事情都不能做，并且加上一个超过 10 位的复杂密码。这样可以借此发现别人入侵的企图。

（7）更改共享文件的权限

everyone 在 Windows 2000 中意味着任何有权进入网络的用户都能够获得这些共享资料。因此任何时候都不能把共享文件的用户设置成"everyone"，应改为"授权用户"，包括打印共享。

（8）使用安全密码

一个好的密码对于一个网络来说非常重要，但是却最容易被忽略。一些公司的管理员创建账号的时候往往用公司名、计算机名，或者一些很简单的用户名，然后又把这些账户的密码设置得非常简单，例如 hello，nihao，123456 或者和用户名相同等。这样的账户应该要求用户首次登录的时候更改成复杂的密码，还要注意经常更改密码。对所谓一个好的密码定义如下：安全期内无法破解出来的密码就是好密码，也就是说，如果人家得到了密码文档，必须花 43 天或者更长的时间才能破解出来，而密码策略是 42 天必须改密码。

（9）设置屏幕保护密码

设置屏幕保护密码很简单也很有必要，是防止内部人员破坏服务器的一个屏障。注意不要使用一些复杂的屏幕保护程序，浪费系统资源，设为黑屏就可以了。另外，所有系统用户所使用的机器也最好加上屏幕保护密码。

（10）使用 NTFS 格式分区

把服务器的所有分区都改成 NTFS 格式。NTFS 文件系统要比 FAT，FAT32 的文件系统安全得多。

（11）运行防毒软件

一些好的杀毒软件不仅能杀掉一些著名的病毒，还能查杀大量木马和后门程序。但是病毒库要及时更新。

（12）保障备份盘的安全

一旦系统资料被破坏，备份盘将是恢复资料的唯一途径。备份完资料后，把备份盘置于安全的地方。切记不能把资料备份在同一台服务器上。

Windows 2000 含有很多的安全功能和选项，如果配置合理，Windows 2000 将会是一个很安全的操作系统。

2．中级安全

（1）开启密码策略

一般地，策略设置应该作如下设置。

① 密码复杂性要求启用；

②密码长度最小值 6 位；

③ 强制密码历史 5 次；

④ 强制密码历史 42 天。

（2）开启账户策略

策略设置的设置如下。

① 复位账户锁定计数器 20 min；

② 账户锁定时间 20 min；

③ 账户锁定阈值 3 次。

（3）设定安全记录的访问权限

安全记录在默认情况下是没有保护的，只有把它设置成 administrator 和系统账户才有权访问。

（4）另存敏感文件

虽然现在服务器的硬盘容量都很大，但是还是应该考虑把一些重要的用户数据（文件，数据表，项目文件等）存放在另外一个安全的服务器中，并且经常进行备份。

（5）不让系统显示上次登录的用户名

默认情况下，终端服务接入服务器时，登录对话框中会显示上次登录的账户名，本地的登录对话框也是一样。这使得别人可以很容易地得到系统的一些用户名，进而进行密码猜测。修改注册表可以不让对话框里显示上次登录的用户名，具体修改方法如下。

HKLM\Software\Microsoft\Windows NT\CurrentVersion\Winlogon\DontDisplayLastUserName

把 REG_SZ 的键值改成 1。

（6）禁止建立空连接

默认情况下，任何用户都可通过空连接连上服务器，进而枚举出账号，猜测密码。可以通过修改注册表来禁止建立空连接：

Local_Machine\System\CurrentControlSet\Control\LSA – RestrictAnonymous 的值改成 1 即可。

（7）到微软网站下载最新的补丁程序

很多网络管理员没有访问安全站点的习惯，以至于服务器出现漏洞许久都没有打补丁，造成安全隐患。经常访问微软网站和一些安全站点，下载最新的 service pack 和漏洞补丁，是保障服务器长久安全的唯一方法。

3. 高级安全

（1）关闭 DirectDraw

这是 C2 级安全标准对视频卡和内存的要求。关闭 DirectDraw 可能对一些需要用到 DirectX 的程序有影响（例如游戏），但是对于绝大多数的商业站点来说都应该是没有影响的。修改注册表方法：

HKLM\SYSTEM\CurrentControlSet\Control\GraphicsDrivers\DCI 的 Timeout（REG_DWORD）值为 0 即可。

（2）关闭默认共享

Windows 2000 安装好以后，系统会创建一些隐藏的共享，可以在 cmd 下执行 net share 命令查看。要禁止这些共享，在"管理工具"→"计算机管理"→"共享文件夹"→"共享"的相应的共享文件夹上右击，停止共享即可，不过计算机重新启动后，这些共享又会重新开启。

（3）禁止 dump file 的产生

dump 文件在系统崩溃和蓝屏的时候是一份查找问题很有用的资料。然而，它也能够给黑客提供一些敏感信息例如一些应用程序的密码等。如果要禁止它，打开"控制面板"→"系统"→"属性"→"高级"→"启动和故障恢复"。把"写入调试信息"改成"无"。如果要使用，可以再重新启用它。

（4）使用文件加密系统 EFS

Windows 2000 强大的加密系统能够给磁盘、文件夹、文件加上一层安全保护。这样可以防止别人把自己的硬盘挂载到别的机器上以读取数据。需要注意的是，文件夹也使用 EFS，而不仅仅是单个的文件。

（5）加密 temp 文件夹

一些应用程序在安装和升级的时候，会把一些东西复制到 temp 文件夹下，但是当程序升级完毕或关闭的时候，它们并不会自己清除 temp 文件夹的内容。所以，给 temp 文件夹加密可以给文件多一层保护。

（6）锁住注册表

在 Windows 2000 中，只有 administrators 和 backup operators 才有从网络上访问注册表的权限。如果觉得还不够安全，可以进一步设定注册表访问权限。

（7）关机时清除掉页面文件

页面文件也就是调度文件，是 Windows 2000 用来存储没有装入内存的程序和数据文件部分的隐藏文件。一些第三方的程序可以把一些没有加密的密码存在内存中，页面文件中也可能含有另外一些敏感的资料。要在关机的时候清除页面文件，可以编辑注册表：
HKLM\SYSTEM\CurrentControlSet\Control\Session Manager\Memory Management
把 ClearPageFileAtShutdown 的值设置成 1。

（8）禁止从软盘和 CD ROM 启动系统

一些第三方的工具能通过引导系统来绕过原有的安全机制。如果对服务器的安全要求非常高，可以考虑使用可移动软盘和光驱。把机箱锁起来也是一个不错的办法。

（9）考虑使用智能卡来代替密码

密码使安全管理员感到很烦恼，容易受到 10phtcrack 等工具的攻击，如果密码太复杂，为了记住密码，用户会把密码写到某个地方。如果条件允许，用智能卡来代替复杂的密码是一个很好的解决方法。

（10）考虑使用 IPSec

顾名思义，IPSec 提供 IP 数据包的安全性。IPSec 提供身份验证、完整性和可选择的机密性。发送方计算机在传输之前加密数据，而接收方计算机在收到数据之后解密数据。利用 IPSec 可以使系统的安全性能大大增强。

能够注意到以上所讲到的各种安全知识所涉及的问题，相信服务器的安全性已经比较高了。

6.3.3　共享接入 Internet

多台计算机要能共享一个账号或用一个 IP 地址上网，首先得将上网的计算机通过集线器连成一个局域网：局域网内的每一台计算机安装一个网卡，添加配置 TCP/IP，分配一个固定的 IP 地址，然后拿出局域网内的一台性能比较好的计算机作为服务器，则服务器需添加第二个网卡，将其 IP 设成 ISP 提供的 IP，需要注意的是，客户端的计算机的 IP 配置中网关要设成服务器的第一个网卡的 IP 地址，DSN 设成 ISP 提供的 DNS IP；浏览器设置为从不进行拨号连接，通过局域网连接即可。

1. 第三方软件接入

目前小型局域网内用户共享上网采用的第三方软件主要有两类：代理服务器类（Proxy Server）和网关类（gate way）。代理服务器类软件安装、设置简单，使用比较方便，用户上网的速度比较快；而网关类软件一般比较庞大，本身又要起到网关（协议转换器）的作用，用户上网的速度也因而受到影响，安装相对繁琐，应用较少，但网关类软件能起到网络防火墙的作用，也是功能单一的代理服务器类软件无法与之相比的。

软件要求不同，有的软件只需在服务器端安装，也有需在服务器端和客户端的计算机上都安装的，可据 Internet 连接方式功能要求不同而进行相应设置。

常用的第三方软件如 WinGate，SyGate 等功能非常丰富，尤其是防火墙功能强大，可将内部信息与外部信息进行分离，通过防火墙的过滤，起到对局域网内部的计算机数据的安全保护作用。故比较适合于通信量较大，且对内部网的数据安全性要求较高的局域网共享上网采用。

2. 使用系统自带的连接共享

在 Windows 98 SE，Windows Me，Windows 2000 中，都集成了 Internet 连接共享的功能。将服务器端 Internet 连接根据系统提示设置成代理服务（Internet 连接共享），当客户机想访问 Internet 时，先向代理服务器提出请求，通过代理服务器中转，将请求发送出去；而外部数据同样也需经代理服务器中转，才能得到所需信息。

Internet 连接共享的功能比较单一，且不具备对内部网的保护作用，对网络的安全构成很大的威胁，只适用于网络规模较小且安全性要求不高的用户。

3. 使用网络地址转换功能（NAT）

路由器可以在局域网和 Internet 之间实现数据包的转换，且可以对局域网内的计算机进行有效的安全保护，Windows 2000 Server 的网络地址转换即实现了软件路由功能。在安装 Windows 2000 Server 的服务器上，安装并设置路由和远程访问功能，根据系统提示完成设置。

如果 Windows 2000 Server 服务器的 DHCP 功能被启用，则局域网内的计算机的 IP 可采用动态 IP，设成自动获取，从而减轻了网络管理和维护的负担。所以网络地址转换更适于配置较复杂的 Windows 2000 Server/Advance Server 局域网使用。

4. 直接通过硬件路由器共享

将路由器的 WAN 端连至 Internet，LAN 端连至局域网，因 ISP 提供的接入方式不同，路由器 WAN 端需进行的设置不同。

6.4　网吧管理软件

随着网吧顾客的增多，网吧的管理也越来越难。网管软件的出现，帮网管减轻了不少负担。目前网吧的管理员大多使用诸如美萍之类的网吧管理软件来管理系统，同时还通过修改系统注册表的方法来禁止用户进行诸如删除文件、修改参数的危险操作。下面就为大家介绍两款目前比较流行的网管软件。

1. 摇钱树网管软件

摇钱树网管软件是结合长期的网管软件制作经验和先进的网吧经营理念，倾力打造出的既实用又好用的网管软件。它的发布，彻底让网吧业主从纷繁的管理工作中解脱出来，是真正满足大中小型网吧运营管理需要的软件。庞大的用户群，简单直观的操作界面，技术服务人员无须进行培训即可迅速上手操作，这样可以节约大量时间和成本。该软件界面友好、计费准确、功能完善、安全稳定，是网吧业主的得力助手。它具有以下特点。

① 先进的软件数据结构设计，即使网吧出现突然断电或者服务器死机等情况，仍然可以正常计费，不影响用户使用。

② 计费方式多样化，费率设置直观，区域设置全面。

③ 人性化、系统化、智能化的会员管理，更有效地吸引、稳定顾客。

④ 独特的多层架构设计、创新的数据加密，让系统在稳定的同时，更加安全、高效。

⑤ 全面的账号、账单、充值和实收减免等查询，详细的报表查询，让管理者对网吧经营一目了然。

⑥ 商品进货、销售、存货一体化，使商品管理功能更为强大、准确，真正做到无忧销售。

⑦ 明晰的交接班功能，责任到人的操作管理。

⑧ 智能化系统自动定时备份数据,最大限度保证数据的安全。

⑨ 完善且功能强大的客户端程序设计,彻底杜绝顾客逃费的可能,程序小巧,几乎不占用系统资源。

⑩ 管理人员、操作人员权限分明,使得管理者管理起来得心应手。

⑪ 强大的远程监控功能,可以方便地监控客户机,实现远程控制操作。

⑫ 支持计算机动态分配 IP,支持手动开关机,满足网吧不同需要。

2. 美萍计费管理软件

美萍计费管理软件是美萍公司最新推出的一款专业的计费管理软件,美萍公司总结了 5 年多网管软件的开发经验和其他网管软件的优点,经过一年的软件开发,半年的软件测试得以最终完成,它包括会员管理、卡类管理(充值卡,会员卡,临时卡)、商品管理、远程操作及日常管理等诸多强大功能,系统界面简洁美观,操作直观简单,无须专门的培训就可以正常地使用,是广大网吧(网吧收费管理),计算机机房(机房计费管理),学校机房(学校计费管理),图书馆电子阅览室等场所理想的计费与管理软件。它具有以下特点。

① 简洁华丽,富有人性化的操作界面,支持无限换肤功能。

② 多种多样的费率设置。支持多种费率设置,甚至可以为每台机器设置不同的费率,每天可以设置 5 个不同的时间段以设置不同的费率。支持星期一到星期日不同的费率区别设置。

③ 超强安全的客户机,客户机器在 Windows 98/2000/XP 等系统都能实现真正的进程隐身,锁定时完全屏蔽各个系统热键,使用户无法逃避服务器的管理。

④ 独具特色的无客户机运行模式。美萍计费管理专家首创无客户机器管理模式,能自动搜索网络内的所有机器并将其添加到管理列表中。能实时查看客户机的开关机状态,分别用不同的图标表示;远程控制客户机能否上网,默认状态下只有计费开通的机器才能上网。所有这些功能都不需要安装客户端就能实现。

⑤ 丰富的会员卡,临时卡,充值卡选择,能实现网吧、机房无人值守,大大降低劳动强度,减少工作误差。

⑥ 方便的程序升级机制。只需要在服务器端发一个升级命令,所有的客户机就能同时升级到最新版本。通过主机也能同时修改客户的系统设置,密码设置等内容。

⑦ 时间同步功能。只要客户机器启动就会自动同步主机的时间,方便网络管理。

⑧ 集成化的条码打印功能。对会员卡,上机牌等软件都提供了直接打印成条码的功能。这样就可以非常方便地制作会员卡,上机卡等。只要再购买一个条码阅读器,这样就可以大大加快网吧内的上下机速度。当然软件也能非常完美地支持磁卡,IC 卡等设备的使用。

⑨ 完善准确的报表、统计查询系统,让网吧老板充分了解自己网吧的经营情况,杜绝管理漏洞。

有了诸多的网吧管理软件,网吧管理者的工作变得非常轻松、方便,也变得非常有效率。

6.5　课程设计 4：网吧组建设计

6.5.1　实验步骤

① 搜集资料。根据分组,在小组内进行分工,进行系统调查和资料搜集。

② 分析。根据搜集的资料,进行分析。

③ 设计。在资金有限的条件下,设计一个性能超前、功能齐全、结构合理、环境舒适的网吧方案。

④ 验收与评分。指导教师对每个小组的的成果及每个成员负责的内容进行综合验收,结合设计报告,根据课程设计成绩的评定方法,评出成绩。

6.5.2　课程设计报告内容

设计报告的内容要包括:

① 网吧所具有的功能。

② 网吧的拓扑图,详细的文字说明。

③ 设备的清单表,选择该设备的理由、价格、性能等参数。

④ 建设整个网吧的总的费用。

⑤ 总结、体会。

习　题

1．填空题

(1) 网吧的综合布线主要有两大部分:_____和_____。

(2) 网吧电源系统的布线,可以分为_____、_____、_____ 3 个步骤。

(3) 无线专用设备包括:_____、_____、_____及_____。

(4) _____是目前比较通用的接入方式。

(5) 目前网吧的宽带接入方式大致有两种:一种是_____,另一种是_____。

2．问答题

(1) 568B 接线标准中,定义的标准线序是什么?

(2) 在线路上编号有哪些好处?

(3) 网吧的接入方式有哪些?

(4) 什么是 FTTX＋LAN 接入方式?

(5) 列出一个小型网吧至少应该具有的设备。

第7章 典型中小型网络建立实例

【本章要点】
➤ 掌握需求分析的方法、设备选型和接入方式的选型原则与典型中小型网络的建设方案及网络功能的实现
➤ 理解典型案例的建设方案及功能实现的原则和原理
➤ 了解无线网络的组建和卫星宽带的连接及网络建设的新技术和新知识

7.1 L大学校园网络系统集成实例

在前面的章节里,已经介绍过了有关计算机网络系统集成的软、硬件知识,各种网络材料、设备和部件的特性与选择原则,以及进行网络互联和系统集成的基本方法。本节将利用前面的知识,以L大学的校园网建设为例,依照提出的要求,按照系统要求分析、网络拓扑结构选择、网络硬件选择、网络软件选择和费用的计算等,讨论一个网络系统建设与开发的步骤循序渐进地进行设计,最后集成一个与Internet相连的校园网。从而进一步深刻地理解网络集成设计和实施过程中所要遵循的准则和步骤,以及需要注意的一些问题。

本节提出的一些设备选型的方案,只是为了说明系统集成设计的过程和方法,给出的选型并非一定是最具优性能价格比产品选择。在具体实施时应根据开发项目的实际需要和当时的市场情况综合进行考虑。

7.1.1 大学校园网系统的需求分析

1. 系统建设的总体目标

(1) 网络建设总体目标

为满足学校建设与发展的需要,加强校内部门之间的信息交流与合作,增进对外联系,更好地为教学科研服务,非常有必要在学校内建设计算机网络系统,即校园网。校园网建设应采用先进、成熟的网络技术。连接校内已有的局域网,并通过校园网的网络中心连接中国教育科研网(CERNET)和因特网(Internet),为全校师生提供对外科研和学术交流的便捷通道,改善教学科研环境。并且在统一的系统平台上,开发"L大学综合管理系统"软件,实现全校的教学、行政管理的计算机化和信息化,以便将来无纸化办公。

(2) 网络建设具体目标

① 建立校园网络环境。包括一个网络中心,8个100 Mbit/s设计的子网提供多协议、多

平台交换式网络系统环境。8 个子网分别连接,除网络中心的子网,其余子网均通过光缆连接到中心交换台机。

　　② 建设项目校园主干网。主干网通信速率不低于是 100 Mbit/s,支持多媒体数据通信。设计时应充分考虑将来的发展,以便能够向更快、更先进的网络技术平稳过渡,并且能最大限度地保护前期的投资。

　　③ 校园网除连接内主要建筑物外,要连接到宿舍区,包括教职工宿舍和学生宿舍区,每个教职工宿舍和每个学生宿舍都应该有一个计算机通信接口。

　　④ 建立全校的综合网络管理信息系统,主要涉及教学管理,科研管理、学生管理、财务管理、设备管理、宿舍管理、后勤管理和数字图书馆等。

　　⑤ 实现校园网与 CERNET/Internet 的连接,建立学校的 Web 站点,编制富有学校特色的 Web 主页,提供各项标准的 Internet/Intranet 服务,包括 WWW 浏览,FTP 文件传输,E－mail电子邮件等。

7.1.2　计算机和网络环境现状

1. 地理环境

假定校园有南北两个校区中间为城市交通主干线,两个校区共有主要建筑物十几幢。

2. 现有计算机软硬件设备与通信环境

校园内已有 8 个局域网、500 台微机和工作站。校内有 2 000 门程控电话机,连接到各个单位;教工宿舍分布在南、北两个校区,有宿舍楼 5 座。程控电话已连接到各户,同时有线电视也已经连接到各家各户,教职工现在有家用电脑 120 多台;已有独立运行的财务管理系统、图书馆管理系统等多个 MIS 系统,有在 DOS/Windows 平台上用 FoxBASE 或 FoxPro 开发的信息管理系统;预计两年内购买微机 500 台,更新旧微机 200 台,届时计算机主机总数达 1 000 台左右,局域网将发展到 20 个。限制:南、北校园之间有一条 100 m 宽的大道,因市政管理部门城市建设规划的原因,不能凌空架设任何电缆,只能通过预埋的管道沟横穿通信电缆。

7.1.3　网络设计原则和建网策略

　　① 技术的先进性与成本控制相结合;
　　② 技术的先进性与稳定性相结合;
　　③ 网络开放性与安全性相结合;
　　④ 网络建设与技术培训相结合;
　　⑤ 可管理性和可维护性。

7.1.4　主干网络拓扑选择

　　L 大学现有 9 个系、18 个研究所、2 个中心及 20 多个行政管理部门,分为南北两个分区。

北区以网络中心大楼为中心,管理范围包括北区各教学楼、图书馆、办公大楼各行政管理部门等单位。南区以实验楼为中心,管理区域包括实验楼和教职工宿舍楼等单位。校园主干网采用交换式快速以太网技术,网络拓扑结构为星形+树形,即以位于北区的校园网络中心、图书馆和位于南区的实验楼为校园网主干节点,其他教学楼、研究所及行政管理子网以树形方式连接到最近的各分区主节点。

7.1.5　校园网与 CERNET/Internet 的连接

① 使用设备。校园网建设的关键之一是建立与中国教育与科研计算机网 CERNET /Internet 的连接,可采用租用电信局 128 Kbit/s 或 2 Mbit/s DDN 专线方式,通信设备可采用基带调制解调器 BBM(basic band modem)和路由器。

② L 大学校园网内各部门局域网和下级子网用数据传输率为 100 Mbit/s 超 5 类无屏蔽双绞线连接到各建筑物的以太网交换机上,这些交换机再通过光缆向上连接到南北校区主干节点。这些以太网交换机应可提供 16 口到 24 口的 10/100 Mbit/s 自适应的全交换端口,每个端口可连接一个下级共享式局域以太网或一台单机。这种结构将来可很容易地扩展为全 100 Mbit/s 快速交换以太网,或扩展为 ATM 网。

③ 距离中心太远的单位和分散的个人计算机用户可以通过校园的虚拟电话网远程登录到网络中心入网。网络中心电话网连接设备采用多端口的远程访问服务器或机架式调制解调器组,通信速率达 56 Mbit/s,支持 PPP、SLIP 等协议,为校外用户提供远程联机服务。

7.1.6　校园网主干硬件设备选型

校园网主干硬件设备选型有:校园网主服务器;远程通信路由器;校园网网络管理和区域中心主干交换设备;校园网网络管理工作站;交换以太网——电话网数据库交换设备及调制解调器组;各建筑楼局域网交换式集成线器(10/100 Mbit/s 自适应);各教学科研单位子网服务器;各教学科研单位子网监控管理工作站;各教学科研单位子网互联集线器或中继器;各教学科研单位子网所连接的计算机;通过电话联网的个人计算机及调制解调器。

1. LAN switching 交换设备的选型

校园网主干网设备的质量对校园网安全可靠的运行起着至关重要的作用,它通常放置在分区中心节点。设备应具有如下特点:高性能;多层次交换;高可靠性;管理方便;支持多协议、多技术、易扩展性。

选型方案一:D-Link DES-5200FX 交换机

选型方案二:Cisco SuperStack Ⅱ 3300 交换机

2. 主干网服务器的选型

主服务器选型方案一:IBM Nefinity 7100

主服务器选型方案二:HP NetServer LH6000

主服务器选型方案三：浪潮网域 NC1000

3．主干网网络监控工作站的选型

使用性能较高的微机工作站。

4．集线器 switching hub 的选型

集线器的选型方案一：采用 3COM 公司的 3c16611 该交换集线器。

集线器的选型方案二：D－link 公司的交换式集线器 DES－1016。

7.1.7 校园网远程联网方案

校园网远程联网方案包括：DDN 通信设备；子网及主要设备类型；不间断电源的选型；网络系统软件及应用软件；经费预算分析和其他影响分析；制订人员培训计划。

7.2 长城教委信息系统解决方案

7.2.1 概　述

电脑教室、校园网、教育中心网站及网上学校的出现，使得接受教育不再受时间、地域或是年龄的限制。边远地区的孩子因此将能够得到与沿海地区的孩子同等的教育，所有人将因此得到高等教育的机会，国民的整体素质也将得到极大的提高。而育人单位——学校，隶属于各地的教育机构，在管理和教学上与各地教委和电教管理密不可分，因此在网络建设时应当充分考虑当地教育管理机构与个校园网之间的互联，实现教育管理机构对各个学校信息管理和教学资源的上下交互，实现教委和学校的信息交流，教委信息系统的建设将在这场变革中担当起一个重要的，不可替代的作用。长城教委信息化的建设将推进教育事业迈向信息化的高速公路。

7.2.2 项目简介

1．设计的原则

① 高效实用性、先进性、成熟性、开发与标准化原则、可扩展性及易升级性、良好的可管理性和可维护性等。

② 作为教委信息系统，建设应当由以下几个部门组成：网络运行及管理中心、广域网连接部分、网络中心局域网。

2．可行性分析

目标和方案的可行性，可从以下 3 个方面进行分析：技术方面的可行性、经济方面的可行性、社会方面的可行性。

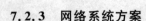

7.2.3 网络系统方案

教育主管部门网络系统的建设是为教委办公、管理提供服务的,网络系统建设主要目标是在教委管辖范围内,采用国际标准网络协议,建立在教委内联网(BOFZ - Internet),并通过高速信道与教育科研网(CERNET)、中国互联网(China - NET)相连,同时建设信息资源管理中心

教委信息中心网络建设目标是将教委的各种 PC、工作站等,通过高性能的网络,连接到各种服务器上,组成分布式的计算环境,使其成为提高办公水平必不可少的网络支撑环境。教委信息中心局域网是整个教委信息系统的一部分,通过专线无线与下属学校相连。

7.2.4 设计原则

开发原则;可靠原则;实用原则;安全原则;先进原则;完整形原则;高效原则等。

7.2.5 教委信息中心网络设计方案

1. 主干网络的选择

网络通道技术选择如下。

① 流量分析。

② 网络技术分析。目前计算机局域网技术,适合作为高速主网络结构的主要有:快速以太网、FDDI 和 ATM。

③ 信息中心路由分析。

2. 网络产品选型

3. 服务器配置

4. 网络具体设计方案

① 高速主干网络通道。根据前面分析,长城教委信息中心主干网络采用千兆以太网,使用 Intel Express 550T Switch,与各结点相连。

② 高速结点。高速结点使用 Intel Express 510T Switch,负责本结点的交换事务。

③ 虚拟网划分。虚拟网(VLAN)技术同传统的网络一样,也是由一个一个物理的网络组成,涉及中心子网、其他子网、子网的分割、分布路由设置等问题。

④ 广域连接。

⑤ 网络管理。

⑥ 网络安全。

⑦ 多目主机结构。

⑧ 屏蔽主机结构。

⑨ 屏蔽子网结构。

⑩ 教委信息中心网络的运行安全策略。

5．综合布线系统方案

（1）设计方案

常用的布线结构有两种，集中式网络管理（CNA）和分布式网络管理（DNA）。

① CNA 具有以下优点。

简化管理节省运行开销；更大程度地利用网络资源；更方便地实现部门间工作组的联网；节省设备安置空间和辅助设备；利于向更高速网的移植。

属于以下情况的机构建议采用 CNA：

建筑物不是很大；想节省管理用的空间；注重长远的低开销；欲对网络进行控制；关心向高速网络移植的可能性和灵活性；已有的配线间不适合放置网络设备；大楼的唯一拥有者或租用者。

② DNA 的特点。

它是专门为租用户的大楼和那些不想将网络设备集中放置结构的机构而设计的布线结构。DNA 支持网络设备分置在各个电信间，它们与各自用户终端的距离不超过 90 m。适合多用户的大楼，不想共享设备资源；支持大型建筑，用双绞线实现高速网络；支持分部门控制的网络，而不是统一控制的网络。

（2）综合布线系统的设计等级

① 基本型综合布线：是一个经济、有效的布线方案。它支持语音或综合性语音/数据产品，并能全面过渡到数据的异步传输或综合性布线系统。

② 增强型综合布线系统：具有为增加功能提供发展的余地，而且要支持语音和数据的应用。如图像、影像、影视、视频会议等，并能够利用接线板进行管理。

③ 综合性综合布线系统：每个工作区有两个以上的信息插座，不仅灵活方便而且功能齐全；任何一个信息插座都可以供语音和高速数据传输；有一个很好的环境，为客户提供服务。

（3）具体设计方案

① 工作区子系统：是由各栋楼的每一个房间组成，房间内布线均采用明装线路的 PVC 线槽，网络线与电话线一起分布在线槽内，其出口与走廊外 PVC 干线槽相联。

② 水平子系统：采用的是 CAT5 4P UTP，即 5 类 4 对非屏蔽双绞线，是用在 AT&T 的 SYSTIMAXSCS 布线系统上的高速高性能的电缆。它由 4‐AWG 硬铜导线构成，用聚乙烯防火聚乙烯进行双绝缘。长达 100 m 之内可以不用信号放大，支持 100 Base‐T 标准，并支持 100 Mbit/s 以上的传输。

管理子系统、垂直子系统、设备子系统、外线子系统设计从略。

（4）设计的特点

设计的特点包括模块化、灵活性、开放性和专业化。

7.2.6　教委信息中心软件平台解决方案

教委信息中心软件平台包括两部分：应用系统、操作系统。教委应系统包括两部分：信息中心 MIS 系统、数据库管理系（DMS）。操作系统包括两部分：服务器的 Microsoft Windows NT4.0 中文版，客户机的 Microsoft Windows 98 中文版。

① MIS 系统。

基于 Internet 平台的教委 MIS 系统，继承了传统的 MIS 系统的理论和成果，同时融入 Internet 的优秀特征，可以真正地将教委内部和外部的各种信息环境紧密联系起来，使用户能够更加方便地获取和使用信息，因此最终成为教委 MIS 系统完善的解决方案。

各子系统功能：系统管理、权限管理、基本信息管理、收发文管理、会议管理、档案管理、学校管理、学生管理、成绩管理、人事管理、教研信息管理、评估系统、办公室事务管理等。

② 数据库管理系统（DMS）。

③ 服务器：Microsoft Windows NT4.0 中文版。

④ 客户机：Microsoft Windows 98 中文版。

7.3　长城校园网解决方案

7.3.1　项目背景

随着信息技术的迅猛发展，教育系统信息化建设进程逐步加快，特别是对以计算机技术、网络技术、多媒体技术和通信技术为主要标志的学校校园网络建设的需求，越来越迫切，发展校园网络是促进基础教育改革，全面推进素质教育、培养新一代人才的需要。为此，各地市级教委制定了全面信息化建设的目标，即推出了长城校园网解决方案。

7.3.2　校园网建设原则

参照第 2 章内容。

7.3.3　校园网建设的任务

校园网建设的任务包括：网络整体目标、主干网络、子网、广域连接、服务器系统、网络管理和网络安全。

7.3.4　可行性分析

可行性分析包括技术方面的可行性、经济方面的可行性及社会方面的可行性。

7.3.5　网络系统方案

网络系统方案包括网络需求分析、校园网建设目标、设计的依据与原则和系统总体结构。

7.3.6　长城校园网设计方案

① 方案综述。

本方案建议以快速以太网为主干、以 10/100 Mbit/s 交换机，510T 工作组及以太网交换机作为二级结点的交换机，充分满足网络系统的桌面的解决方案，方案采用 Intel 公司新一代路由交换机 550T 作为中心交换机以满足高性能带宽需求，及可靠性和易扩充性的要求。主干网快速以太网，采用星形网络拓扑，快速以太网的主干向下连接服务器和 hub，最终连接用户机器。

② 服务器系统选用长城集团至翔系列相应的服务器。

③ 整个校园网通过 550T，通过防火墙，连入信息中心。

④ 远程用户通过信息中心，可访问校园网。

⑤ 整个校园网可以根据不同的需要划分不同的 VLAN，VLAN 之间的连接直接利用路由交换机的三层交换功能完成，可以在不同的 VLAN 之间实施较高的转发率。各个楼层之间使用光纤连接，使用 6 芯多模光纤连接各个楼层。

7.3.7　网络产品选型

1. 路由交换机

它跳出了传统路由器的复杂性与高性能矛盾的怪圈，集中致力于 IP 优化的网络性能设计，从而以非常好的性价比，提供第三层（IP）交换的功能。路由交换机具有以下优点：非常好的灵活性；与现有网络的无缝连接，网络设置简单；由于不引入新的协议及标准，用户无论在升级或重新设计网络时都非常容易。

2. 路由交换机工作原理

在解决传统多协议路由器性能瓶颈上的突破；解决传统的基于路由器的网络的瓶颈；路由交换机硬件结构、路由交换机软件结构。

3. 服务器配置

Web 服务对数据库访问请求多，任务重，实时性要求高，必须使用高性能的服务器；Mail 服务数据量比较大，但是实时性要求低，因此对处理器的性能没有太高要求，而应该提供足够的硬盘空间，Mail 服务器和 DNS 服务器可共用一台服务器来提供服务。服务器操作系统选择 Microsoft Windows NT4.0 中文版。

7.3.8　整体设计

① 主干网络整体设计：高速主干网络通道、高速结点。

② 虚拟网划分：虚拟网划分、中心子网、其他子网、子网的分割、分布路由设置。

③ 网络管理。

④ 校园网采用的网络管理：对校园网的管理主要采用基于 Intel Device View for Web 的管理方法。

⑤ 网络安全：Internet/Intranet 为我们带来巨大收益的同时，也带来了令人头疼的安全问题. 因此，在各级学校的校园网组建过程中，必须从以下两个方面来慎重地考虑与 Internet 互联的安全防范问题。为满足上述的安全要求，通常采用防火墙系统来加以限制，它能够很好地把校园网与 Internet 隔离开，保护内部的信息资源，有效地防止来自 Internet 的攻击。

7.3.9 综合布线系统方案

① 布线系统设计：楼宇间的主干采用多模光纤，各个楼内及计算机房采用非屏蔽 UTP 双绞线布线系统。

② 设计方案：园区配线（间）架、大楼配线（间）架、园区配线（间）架、大楼配线（间）架、楼层配线（间）架、校园网主干线、各大楼内水平布线子系统、信息插座的设计、水平线缆的选择、管理间设计、垂直系统设计、园区网的结点设置。

7.3.10 校园网的软件建议方案

① 教学系统。

课件制作系统：提供素材的登记管理、包括声音文件、图像文件、影像文件、文本文件、动画文件等；可在系统中直接运行各类素材，按年级、学科、知识点等分类查询汇总；多功能教室应用；VOD 点播。

② 管理系统。

校园网综合管理系统的组成：校长办公管理模块、办公自动化模块、信息资源中心模块、综合信息查询模块及教学支持系统模块。

③ 信息系统。

信息系统包括校外信息采集发布和校内信息采集发布。

解决方案：系统结构、服务器功能、校园网信息查询。

④ 图书馆情报系统。

⑤ 实验室系统。

⑥ 软件资料库。

⑦ 一卡通。

校园一卡通面向的对象是校内学生和教职工。对校内学生可实现就餐、身份管理、出入管理、图书管理、医疗管理以及各种娱乐消费管理；而对于教职工，可实现就餐、工资、身份、图书借阅、娱乐消费、打电话等管理。一卡通系统采用逻辑加密的非接触式 IC 卡作为信息载体。

其性能特点是快捷、方便、安全、可靠。

⑧ 视频监控。

数字多媒体监控系统的设计与实现、本地端监控系统。

7.4　长城校校通连接解决方案

信息时代对教育教学产生了广泛的影响,学校的教育应适应信息化的浪潮。教育改革和教育现代化的核心在未来几年里将是校园网和远程教育的天下,因此,校与校之间的连接至关重要,但由于地区之间教育、经济发展的不平等,校与校之间的连通采用的方式也不同,根据学校的实际情况,配合电信部门,推出以下几种连接方式。

7.4.1　ISDN

ISDN 是综合业务数字网的简称,它是基于公共电话网的全数网络,利用普通的电话线,可开展各种业务,例如打电话、发传真、上网、局域网互联、会议电视、专线备份等。

ISDN 分为基本速率(BRI)和基群速率(PRI)。电信局向普通用户提供的均为 BRI 接口(2B+D 就是指 ISDN 接口),采用原有的双绞线,速率可达成 44 Kbit/s。

校园网内连接 Internet 解决方案:目前很多学校都有了自己的校园网,想让网上所有的计算机同时上网,使用 modem 的效果并不理想,而 ISDN 就可以很好地解决这个问题。要连接到 Internet,需要借助 router(路由器)或 bridge(网桥)。

7.4.2　DDN 专线

专线连接指用光缆、电缆或通过卫星微波等无线通信方式,或租用电话专线、DDN 专线与 Internet 网络连接。专线一般以局域网为单位,通过支持 TCP/IP 路由器接入 Internet 网。网上设备拥有唯一的 IP 地址和域名。专线连接可以使用全部 Internet 服务工具,传输速度快,用户主机始终连在网上。专线连接的缺点是连网费昂贵,连接后一般不可移动。公用数字数据网(DDN)在国内普及较早,是采用数字传输信道传输数据信号的公用通信网,可提供点对点、点对多点透明传输,使传输质量高、可先靠性高、传输速率高、网络延时小,同时 DDN 的主干传输为光纤传输,使传输高速安全,适用于信息量大、实时性强的数据通信。DDN 是全透明传输,可以支持数据、图像、声音等多媒体业务。上述优点使 DDN 特别适合计算机主机之间、局域网之间、计算机主机与远程终端之间通信。在目前 ATM 网还没有广泛使用的情况下,大中型网络接入 Internet 中,DDN 当然是首要选择。在国内的局域网专线接入 Internet 的实践中,DDN 占有绝对地位,利用 DDN 作为 Internet 专线接入媒介,是目前 Internet 专线接入中比较流行的解决方案。

7.4.3　无线网

功能与要求：高带宽；可靠的保密性能；无线电管理机关的许可；合理的造价。

桥接结构：网桥连接型、访问节点连接型、hub 接入型、无中心型结构、多点任意方式接入。

7.4.4　ADSL

为提高用户上网速度，光纤到户(FTTH)是用户网今后发展的必然方向，但由于光纤用户网的成本过高，在今后的十几年甚至几十年内大多数用户网仍将继续使用现有的铜线环路，于是近年来人们提出了多项过渡性的宽带接入网技术，包括 N － ISDN、cable modem ADSL 等，其中 ADSL(非对称数字用户环路)是最具前景及竞争力的一种，将在未来十几年甚至几十年内占主导地位。

ADSL 的主要特点：数字用户线路(digital subscriber line，DSL)是以铜质电话线为传输介质的传输技术组合，它包括 HDSL、SDSL、VDSL、ADSL 和 RADSL 等，一般称之为 XDSL。它们主要的区别体现在信号传输速度和距离的不同以及上行速率和下行速率对称性的不同。

7.4.5　卫星宽带连接

① 概述。卫星直播网络是推出的新一代高速宽带多媒体接入技术。它充分利用互联网不对称传输的特点，上行信号通过任何一个拨号或专线 TCP/IP 网络上传，下行信号通过卫星宽带广播下传，使互联网用户只需加装一套 0.75～0.9 m 小型卫星天线即可享用 200～400 Kbit/s 高速宽带交互浏览，以 3 Mbit/s 高速单向广播数据文件下载快递，流式视频，音频节目。

② 系统要求。卫星直播网络服务所需系统设备为网络应运中心(network operation center，NOC)，7 m 直径卫星发射天线，24 Mbit/s 卫星频宽构成的上行主站，同时透过宽带专线上联互联网。

③ 功能。包括：高速互联网接入；数据文件下载快递(package delivery service，PDS)；多媒体流式视频传送。

④ 应用。卫星宽带接收服务内容包括：同步教学、教育软件资源库、课内课外，素质教育、教育教学新闻与信息、教育教学周刊、教育教学资料库、教育产品以及安全实用的 Internet 浏览。

参考文献

[1] 江荣安.计算机网络实验教程[M].大连:大连理工大学出版社,2007.

[2] 刘有珠.计算机网络技术基础[M]. 2版.北京:清华大学出版社,2007.

[3] 孙桂芝.计算机网络实训案例教程[M].北京:机械工业出版社,2007.

[4] 黎连业.网络综合布线系统与施工技术[M].北京:机械工业出版社,2007.

[5] 程良伦.网络工程概论[M].北京:机械工业出版社,2007.

[6] 陈瑞东.局域网应用一点通[M].北京:电子工业出版社,2007.

[7] 王庆建.综合布线与网络构建应用技术[M].北京:机械工业出版社,2007.

[8] 张蒲生.计算机网络技术及实训[M].北京:中国水利水电出版社,2007.